我国蔬菜生产、流通与贸易格局及演化分析

沈　辰　吴建寨　刘继芳　著

中国农业出版社
北　京

本研究得到以下项目资助

国家自然科学基金青年项目“时空视角下蔬菜市场价格非对称传导机制及原因研究”（71703159）

中国农业科学院农业信息研究所基本科研业务费人才项目“我国农产品市场价格传导模型与方法研究”（JBYW-AII-2022-13）

现代农业产业技术体系北京市产业经济与政策创新团队（编号 BAIC 11-2022）

前言

蔬菜是重要的副食品，在人们的生活中具有重要地位。近年来，我国蔬菜产业持续发展，结构布局不断演化，贸易规模显著增长，市场流通体系日益健全，调控措施逐步强化，但也存在着资源约束趋紧、生产成本攀升、流通损耗较大、出口竞争力趋降、价格波动频繁等问题。回顾总结我国蔬菜生产、流通、贸易格局，分析其演化规律与原因，对促进蔬菜产业健康持续发展具有重要意义。

研究围绕我国蔬菜生产、流通、价格、贸易以及调控等方面，在全面收集整理相关数据和开展多地问卷调查的基础上，总结归纳蔬菜产销现状与变化；运用多种定量分析方法，深入分析讨论相关影响因素；结合发展实际，提出针对性的政策建议。

全书共分5篇，分别为生产篇、流通篇、价格篇、贸易篇和调控篇。生产篇包括第一、二、三章，总结了我国蔬菜生产发展的历程与现状，通过数据对比，讨论了近年来蔬菜生产成本收益变化和空间布局演化，进而实证分析了生产变动的影响因素。流通篇包括第四、五、六章，较为全面地总结了我国蔬菜市场流通渠道，从农户视角出发，归纳了蔬菜市场流通渠道选择的影响因素，并以北京市为例，讨论了蔬菜市场流通的时空特点。价格篇包括第七、八、九章，基于近年来多种蔬菜批发价格时间序列数据，运用季节分解方法、H-P滤波法分析价格波动特点与规律，运用核密度估计方法测算典型蔬菜、肉类、水果的价格风险，并对价格传导中的不对称性给予理论解释。贸易篇包括第十章，整理了近20年来蔬菜进出口数据，通过测算多种竞争力指数，分类型和品种讨论了我国蔬菜出口竞争力及变化。调控篇包括第十一章，结合蔬菜生产、流通和消费实际，讨论了是否需要对蔬菜市场进行调控、需要调控哪些品种、由谁调控、怎么调控等问题，进而提出了蔬菜市场调控的思路和具体设计。

书中内容是对作者阶段性研究的总结，在研究过程中，得到团队成员朱孟帅、张晶、周向阳、邢丽玮、迟亮、程国栋、张洪宇、王雍涵、韩书庆等同志的大力支持，中国农业大学穆月英教授、天津农学院曾玉珍教授为调查开展和文字撰写提供了无私帮助与悉心指导，天津农学院丁栋同学，中国农业科学院农业信息研究所田亚军同学、张正佳同学在数据收集整理、内容撰写等方面付出了艰辛劳动，在此一并表示衷心感谢。由于作者水平有限，加之蔬菜产销相关数据仍有缺乏，相关内容还有许多不足之处，请读者批评指正。

作　者

2022年7月

目录

生 产 篇

第一章

我国蔬菜生产发展现状、历程、问题与对策

蔬菜一头连着市民，关乎广大市民的“菜篮子”；一头连着农民，关乎广大农民的“钱袋子”，始终受到政府与社会的广泛关注。新中国成立以来，我国蔬菜产业得到长足发展，产量产值成倍增长，市场供给日益充足，满足了广大人民群众的日常生活需要，显著提高了人们的生活水平。蔬菜已从昔日的家庭菜园发展成为农业农村经济的重要支柱，从昔日的“一碟小菜”发展成为关系社会稳定的重要民生产品[1][2]。本章全面阐述了我国蔬菜生产发展的现状，系统回顾了70多年来蔬菜生产发展的历史，分析了目前蔬菜产业发展的问题，并针对性地提出了政策建议。

第一节　我国蔬菜生产发展的现状

在我国，蔬菜已经是仅次于粮食的重要作物，在各地广泛种植，产量巨大，品种众多。随着设施生产和相关种植技术的不断推广，蔬菜逐渐实现了周年供应，均衡供给能力显著提高[3]。

一、种植规模巨大，产业影响带动较强

根据国家统计局数据，2020年我国蔬菜播种面积为2 148.55万公顷，占农作物总播种面积的12.8%；产量为7.5亿吨，占农作物总产量的47.3%；产值超过2万亿元，占种植业总产值的约30%。蔬菜产业用10%的耕地创造了约30%的农业产值，在我国农业中占有重要地位。而根据联合国粮食及农业组织（FAO）统计，2020年我国蔬菜产量占世界蔬菜总产量的一半以上，蔬菜人均占有量达422.53千克，远高于147.93千克的世界平均水平，我国已成为世界第一蔬菜生产大国。巨大的生产规模也带动了庞大的从业人群，有效促进了农民增收[4][5]。据测算，我国蔬菜种植相关从业人员约1亿人，从事蔬菜加工、贮运、保鲜和销售等相关劳动的有8 000多万人，对农民人均纯收入的贡献超过800元。

二、种植品种众多，供应品种日益丰富

我国蔬菜生产不仅规模巨大，种植品种也十分丰富。据不完全统计，我国种植的蔬菜涉及50多个科，接近300种（含亚种及变种），包括茄果类、叶菜类、根菜类、花菜类、食用菌类等多个类别，生活中的常见蔬菜就达到30多种。新中国成立以来，我国不断加强蔬菜育种，培育新品种超过6 500个。截至2021年年底，农业农村部公告登记的蔬菜品种已达1.66万

个。种类繁多的蔬菜大大丰富了人们的日常生活消费，提升了群众的生活水平[6]。

三、设施生产增长明显，均衡供应逐步实现

近年来，我国蔬菜设施生产规模持续增长，在蔬菜生产中占比不断提高[7]。2018年，我国设施蔬菜面积超过6 000万亩①，产量约3亿吨，占蔬菜总产量的近40%；产值近万亿元，占蔬菜总产值的近50%。设施生产打破了气候、地理等条件对蔬菜生产的限制，使得原本在冬季难以开展的蔬菜种植可以正常进行，很大程度上解决了北方地区蔬菜供应“冬淡”的问题，结束了北方冬季长期依靠白菜、萝卜、马铃薯的历史，实现了蔬菜周年供应，极大拓展了人们冬春的饮食选择[8][9]。利用生产设施，进行多茬高效栽培，有效提高了土地利用效率，在节约耕地的同时，有力促进了蔬菜增产、农民增收。

四、生产向优势产区集聚，城市生产逐渐减少

随着城镇化、工业化进程的深入推进，城市郊区蔬菜生产的耕地、水资源约束逐渐趋紧，土地、人工成本不断上涨，环境保护要求明显提高，部分城市蔬菜种植规模持续萎缩。以北京市为例，2020年北京市蔬菜播种面积仅剩3.66万公顷，较最高峰时（2002年）下降超过70%；产量137.9万吨，较最高峰时下降74.7%。加之，市场流通体系不断健全，交通通信条件持续改善，蔬菜生产逐渐向耕地及水资源条件更加优渥、市场流通更为便捷、人工地租成本相对较低的农村地区转移[10]，涌现出山东寿光、四川彭州等生产基地，形成了黄淮海与环渤海设施蔬菜、华南与西南热区冬春蔬菜、长江流域冬春蔬菜、黄土高原夏秋蔬菜、云贵高原夏秋蔬菜、北部高纬度夏秋蔬菜六大优势区域，呈现品种互补、档期衔接、区域协调的发展格局。

五、技术水平不断提升，科技贡献持续提高

我国高度重视蔬菜生产技术研发推广和设施装备提升，不断提高蔬菜产业发展质量与水平。在育种育苗方面，我国蔬菜种子已经历了4次更新换代，良种覆盖率超90%。近年来，工场化育苗快速发展，每年培育商品苗800亿株以上。在设施装备方面，我国已形成多种类型、用途广泛、性能各异的设施装备体系[11]。在种植技术方面，保护地栽培、节水灌溉、病虫害综合防治等技术取得较大进步，并得到较为广泛的应用和推广。据测算，我国蔬菜生产的科技贡献率持续提高，目前已达到55%左右，对蔬菜生产发展起到了重要推动作用。

第二节　我国蔬菜生产发展的历程

尽管我国蔬菜生产取得了巨大成就，但其发展并非一帆风顺，不同历史阶段的发展动力和增长速度存在明显差异。笔者回顾了70多年来我国蔬菜生产发展的历史，收集整理了各年份蔬菜播种面积、产量等数据，梳理了各时期相关政策措施，大体将蔬菜生产发展划分为缓慢增长、快速发展和调整优化3个阶段。

---

① 亩为非法定计量单位，1亩≈667米^2。——编者注

一、缓慢增长阶段（1949—1978年）

新中国成立初期，我国蔬菜生产主要以自给性园艺种植为主，包括农户以及机关、部队、厂矿等团体的自给性生产。在城市郊区分散着一些就地生产、就地供应的近郊生产基地。目前，有关新中国成立之初蔬菜种植的相关数据资料较为缺乏，笔者根据国家统计局农作物播种面积数据，估算当时蔬菜播种面积约150万公顷。在经历了短暂的经济恢复阶段后，20世纪50年代，我国在农村推行农业合作化。1958年后，在农村建立了人民公社。人民公社实行"政社合一"，既是行政组织，又是经济组织，用行政指令代替经济规律，具有"一大二公"的基本特征。与之相应，在农产品流通领域实行了统购统销、统购包销等政策。1953年10月，中共中央做出《关于实行粮食的计划收购与计划供应的决议》，之后，棉花、油料、蔬菜等也被纳入其中（蔬菜当时采取"统购包销"政策）。许多城市纷纷成立蔬菜公司，组织蔬菜统一收购，并统一销售给机关、学校、部队等。人民公社的建立和蔬菜统购包销政策的实施严重削弱了农民生产经营自主权，生产什么、生产多少、卖给谁、卖多少钱都要按照指令计划进行。更为重要的是，由于食物供给短缺，为解决温饱问题，这一时期，我国长期实行"以粮为纲"的方针，优先发展粮食生产，粮食在农业生产中占有绝对主导地位，农业资源、生产要素都向粮食生产倾斜。这些因素均使得蔬菜生产发展受到制约，增长较为缓慢。至1978年，我国蔬菜播种面积约为333.1万公顷，较新中国成立初期增长约1.4倍，年均增速约为3%。

二、快速发展阶段（1979—2003年）

十一届三中全会后，人民公社制度逐步解体，家庭联产承包责任制在农村逐步实施，农户获得生产经营的自主权。在流通领域，国家逐渐减少了统购派购农产品的品种范围，减少了派购数量，逐渐放开传统集贸市场。这一时期，粮食产量快速增长，短缺局面得到很大缓解。1978—1988年，我国粮食产量由3.05亿吨增至3.94亿吨，增长近30%，粮食人均占有量则突破350千克。改革开放大大推动了经济和居民收入快速增长，城市对蔬菜等副食品的需求明显增加，出现供应紧张、价格过快上涨等问题。为缓解供需矛盾，1988年，农业部在全国组织实施"菜篮子"工程，大力发展蔬菜等"菜篮子"产品生产，加强蔬菜市场体系建设。同时，以塑料拱棚、日光温室为代表的设施蔬菜生产迅速发展，涌现出山东寿光等设施蔬菜重要产地，蔬菜生产的季节性限制被打破，周年供应逐步实现。据统计，1989年寿光市仅有17个蔬菜大棚，至1994年已发展到1 000多个，大棚菜播种面积占蔬菜播种总面积的40%以上。这一时期，农产品市场体系不断健全完善，至1993年，我国农产品批发市场已超2 000个，城乡农产品集贸市场超8 000个，初步形成了全国大市场、大流通的格局。在消费拉动、政策推动、技术牵动、市场带动的合力之下，我国蔬菜生产快速发展。据统计，2003年我国蔬菜播种面积近1 800万公顷，比1980年增长近5倍，年均增长近8%，产量达到5.4亿吨。

三、调整优化阶段（2004年至今）

经过多年快速发展后，我国蔬菜产量已经达到相当规模，市场供需也摆脱了短缺局面，供给日益充裕。而随着城镇化、工业化的深入推进，城市郊区蔬菜种植逐步萎缩，部分主产区蔬菜生产受到耕地资源和劳动力的制约，种植面积也趋于饱和。在此背景下，我国蔬菜生产增长速度逐渐放缓。根据国家统计局数据，2004—2010 年，我国蔬菜播种面积一直徘徊在 1 750 万公顷左右，2006 年播种面积一度下降到 1 660 万公顷。随着市场体系的日益健全和交通运输条件的持续改善，蔬菜流通半径不断扩大，跨区域、广域流通更加频繁，产地之间既有轮换上市、相互衔接也有交叉重叠、相互竞争，蔬菜生产的品种和空间结构在市场竞争中动态优化。由于产地来源更广、流通环节较多，蔬菜价格波动也更为频繁剧烈。在人工、地租与物资投入成本推动下，2009 年和 2010 年，蔬菜价格出现较大幅度上涨。为确保稳定供应，国家采取了一系列政策措施，进一步促进蔬菜产业发展，推动产业转型升级。2010 年，先后印发《进一步促进蔬菜生产保障市场供应和价格基本稳定的通知》《关于统筹推进新一轮“菜篮子”工程建设的意见》，加大了对蔬菜生产的扶持力度。尽管如此，蔬菜播种面积大体保持在 2 000 万公顷，增速较之前明显下降，年均增长约 2.0%。

第三节　我国蔬菜生产发展面临的问题

近年来，我国蔬菜生产规模不断扩大，市场供给日益充足，多样性、均衡性不断提高，但也面临着不少问题。

一、资源约束不断趋紧，规模扩大受到制约

随着城镇化的深入发展，我国耕地面积呈现下降趋势。根据第三次全国国土调查数据，2019 年年末，我国耕地面积为 1.28 亿公顷，较 2015 年年末减少 713 万公顷。这一趋势在大中城市表现得更为突出，仍以北京市为例，2019 年年末，北京市耕地面积约 9.35 万公顷，比 2009 年年末减少约 13.4 万公顷，下降近 60%。耕地面积减少直接限制了蔬菜种植面积的增长，在保障粮食安全的同时促进蔬菜等作物生产持续增长面临一定困难。

二、劳动力老龄化严重，持续发展受到影响

蔬菜属于劳动密集型产业，在生产中需要投入大量劳动，特别是设施生产环境高温高湿，生产条件较为艰苦。相关调研发现，目前农村蔬菜生产者普遍在 50 岁以上，年轻劳动力从事蔬菜生产的很少。近年来，我国人口老龄化快速发展，根据国家统计局数据，2010 年，我国 15～64 岁劳动人口、65 岁以上老龄人口分别为 9.99 亿人和 1.19 亿人，各占总人口的 74.5%、8.9%；2020 年，我国劳动人口已降至 9.69 亿人，老龄人口则增至 1.91 亿人，分别占总人口比例的 68.6%和 13.5%。现有蔬菜生产者逐渐步入老年，农村年轻劳动力从事蔬菜生产的意愿不足，影响了蔬菜生产的持续发展。

三、种植成本不断攀升，成本利润率显著下降

蔬菜的生产成本主要包括物质与服务费用、土地成本和人工成本。近年来，蔬菜种植土地租金、人工费用不断增长，物质和服务费用总体显著增加，成本利润率明显下降。据

统计，2005年大中城市蔬菜生产每亩总成本为1 743.86元，至2018年，每亩总成本已增至4 517.34元，增长约1.5倍；而每亩成本收益率则由90%以上降至50%左右。除去土地、人工和物资投入外，建设温室大棚需要几万元乃至十几万元，投入更为巨大。在非农就业机会和收入不断增加的情况下，蔬菜生产成本不断升高，利润率持续下降，将带来比较收益下降，从而给产业发展带来不利影响。

四、城市自给能力下降，应急保供压力增大

由于耕地资源不断减少，人工、地租成本不断升高，部分大中城市蔬菜种植面积显著减少，产量不断下降。同时，在城镇化过程中，大量人口持续涌入大中城市，常住居民数量不断增加，对蔬菜的消费需求不断增长。一方面是不断减少的本地供给，另一方面是不断增加的消费需求，城市蔬菜保供压力增大。据统计，北京市2000—2020年常住人口由1 364万人增至2 189万人，而蔬菜产量则由489万吨降至138万吨，北京市蔬菜供给主要依赖周边河北、山东、辽宁等省份，本地供给仅占总供给的10%左右。城市自给水平较低，一旦遇到突发情况，应急保供面临巨大压力。

五、部分种子依赖进口，育苗育种仍需加强

尽管我国蔬菜育苗育种取得了长足进展，但仍然存在着研发投入不足、技术体系不完善、基础研究不够、相关主体实力不强等问题，“小作坊式”的育种方式仍然占有相当比重。据估计，我国蔬菜年用种量超过5万吨，近年来种子年进口量约9 000吨。特别是部分高端蔬菜及特色品种，种子进口占比较高，如彩色甜椒、水果黄瓜等，进口种子占比超过50%，菠菜、生菜、杂交洋葱等进口种子占比接近90%。

第四节　促进我国蔬菜生产发展的政策建议

纵观我国蔬菜生产的发展历程，充分尊重市场主体地位，发挥政府的宏观调控作用，依靠科技进步，是推动我国蔬菜生产持续发展的重要原因。当前，我国蔬菜生产面临着资源环境约束、劳动力老龄化、成本不断提高、部分种子对外依赖度高等问题，大中城市蔬菜保供稳价面临较大压力，要确保产业稳定健康发展，仍然要综合运用市场、政策和技术手段。

一、加大科技研发推广，破解要素制约

在资源、劳动等要素制约的情况下，要推动蔬菜生产持续健康发展，必须依靠科技进步，通过技术创新与推广，促进产业发展。要加大蔬菜种业发展，加大对部分严重依赖国外进口的蔬菜种子的研发投入力度，解决种子领域潜在的“卡脖子”问题。加强适用型节能、节水、节省人工技术的研发和推广，在不大幅增加成本的情况下，不断提高生产效率和种植效益。鼓励各地结合实际，发展设施生产，提高土地利用率和生产效率。

二、发展蔬菜产地加工，提升附加价值

随着城镇化深入推进，生活节奏不断加快，在外用餐及加工食品消费不断增加，也将

带动蔬菜加工品、半加工品需求较快增长。同时，城市环境治理保护要求逐渐加强，加工后的净菜将更加符合流通要求。应鼓励支持蔬菜主产区建设一批仓储保鲜冷链物流设施，推动蔬菜清洗、加工、包装等行业发展，增加蔬菜的附加价值，将更多产业收益留在产地、造福农民。

三、提高产品安全品质，扩大品牌影响

在供需总体平衡、供给不断增加的情况下，想要进一步促进产业发展、菜农增收，必须通过优质优价，不断提高产品价值。要推广绿色标准化种植，加强质量安全监管，着力提高蔬菜质量安全水平。鼓励各地结合各自地理、气候等特点，发展特色蔬菜生产，走差异化发展道路。加快发展绿色蔬菜、有机蔬菜、地理标志产品，持续强化蔬菜相关区域公用品牌、企业品牌和产品品牌的宣传推介。支持鼓励各地优质特色蔬菜借助各类展会、媒体、电商等平台开展品牌营销活动，提高品牌影响力。

四、加强政策引导扶持，确保稳定生产

要持续加强“菜篮子”工程建设，压紧压实大中城市“菜篮子”的市长主体责任，加强对蔬菜产业发展的支持。大中城市要保有一定数量的常年菜地，依靠资金、技术、人才等优势，结合实际发展设施蔬菜生产，适当发展速生菜、芽苗菜，提升大中城市的蔬菜自给能力。大力推广与蔬菜相关的政策性农业保险，适当提高保险保障水平，保护菜农收益，避免市场波动对蔬菜生产造成较大冲击，通过稳定菜农收益确保蔬菜平稳生产。

》》参考文献

［1］张震，刘学瑜．我国设施农业发展现状与对策［J］．农业经济问题，2015，36（5）：64-70，111.

［2］李斯更，王娟娟．我国蔬菜产业发展现状及对策措施［J］．中国蔬菜，2018（6）：1-4.

［3］肖体琼，崔思远，陈永生，等．我国蔬菜生产概况及机械化发展现状［J］．中国农机化学报，2017，38（8）：107-111.

［4］王娟娟，冷杨．中国大中城市蔬菜生产供应现状及发展对策［J］．中国蔬菜，2015（5）：1-4.

［5］王闯，孙皎，王涛，等．我国蔬菜产业发展现状与展望［J］．北方园艺，2014（4）：162-165.

［6］王素玲，陈明均．我国蔬菜流通现状及发展对策［J］．中国蔬菜，2013（7）：1-5.

［7］左绪金．我国设施蔬菜产业发展现状及其未来发展路径探析［J］．现代农业研究，2019（5）：47-48.

［8］范双喜，张春华，辛桂花．我国设施蔬菜的发展现状及展望［J］．北京农学院学报，2001（3）：71-74.

［9］李天来．我国设施蔬菜科技与产业发展现状及趋势［J］．中国农村科技，2016（5）：75-77.

［10］陈鸿，陈娟．我国蔬菜产业现状分析与发展对策［J］．长江蔬菜，2018（2）：81-84.

［11］胡芳辉，侯彦娜，魏涛淘．我国设施蔬菜现状及未来发展方向［J］．基层农技推广，2021，9（11）：74-77.

第二章

我国蔬菜生产的成本收益分析

在市场经济条件下，蔬菜生产规模与其成本收益密切相关，要准确预测未来我国蔬菜生产形势，需要对蔬菜生产成本收益情况进行详细分析。笔者收集整理了近年来蔬菜、粮食、油料、糖料、水果等多种作物成本收益调查数据，在动态比较基础上，归纳种植规模与成本收益的关联，进而展望未来蔬菜生产。

第一节　蔬菜与主要作物成本收益比较分析

笔者收集整理了2003—2020年我国蔬菜生产成本收益数据，分析其变动趋势与结构变化，以便为分析蔬菜生产变动提供依据和支撑。

一、我国蔬菜生产成本收益的基本情况

笔者对比了2020年蔬菜与粮食、油料、糖料、水果等作物生产成本收益数据，分析得出了蔬菜生产的基本特点。

1. 蔬菜生产具有高投入、高收益的特点　据统计，2020年我国蔬菜生产每亩总成本5 165.08元，分别是粮食、油料、糖料、水果每亩总成本的5.1倍、4.3倍、2.5倍、1.1倍；每亩总收益9 296.25元，分别是粮食、油料、糖料、水果每亩总收益的8.9倍、6.9倍、4.1倍、1.4倍；每亩净利润4 131.17元，分别是粮食、油料、糖料、水果每亩净利润的206.9倍、26.1倍、19.3倍、2.5倍。不仅如此，2020年蔬菜生产的成本利润率约为80%，而粮食、油料、糖料、水果生产的成本利润率分别为1.0%、13.3%、10.2%、35.9%，远低于蔬菜。

2. 人工成本在蔬菜生产中占有较大比例　相对于粮食等大田作物而言，蔬菜等园艺作物的种植技术更为复杂烦琐，育苗、定植、移栽、采摘等机械化生产难度较大[1]，田间管理要求更为精细，大多需要人工完成，人工成本在总成本中占有相当比重。据统计，2020年，蔬菜生产每亩用工天数为31.7天，而粮食、油料、糖料生产每亩用工天数分别为5.0天、6.9天和9.0天，远低于蔬菜生产。蔬菜生产每亩人工成本达3 084.03元，占总成本的近60%；每亩物质与服务费用1 685.19元，占总成本的30%左右；每亩土地成本395.96元，不足总成本的10%。

3. 蔬菜成本利润率年际波动较为明显　比较不同年份我国蔬菜生产的成本利润率，可以发现其年际差异十分显著。据统计，2003—2020年，蔬菜生产成本利润率最高出现

在2007年，为105.9%；最低出现在2017年，为39.2%。近20年来，蔬菜生产成本利润率最大离差超过60%，年际变动的标准差达到21.1%，年际波动明显。

二、我国蔬菜生产成本收益变化趋势

笔者进一步整理了2003—2020年蔬菜生产成本收益数据，总结近年来蔬菜生产成本收益变化趋势。

1. 成本收益均不断增长　据统计，2003—2020年我国蔬菜生产总成本由每亩1 311.16元增至5 165.08元，增长近3倍，年均增长8.4%。同时，蔬菜生产收益也不断增加。2003—2020年，我国蔬菜生产每亩收益由2 652.05元增至9 296.25元，增长2.5倍，年均增长7.7%，蔬菜每亩净收益由1 562.91元增至4 131.17元，增长1.6倍，年均增长6.3%。蔬菜生产成本收益快速增长主要集中在2010—2013年，这一时期，石油等大宗商品价格持续高位运行，国内城镇化率加快推进，经济高速增长，雇工单价年均增长近15%，生产成本明显增加[2]。

2. 成本利润率波动下降　蔬菜生产的成本利润率高于粮食以及其他经济作物[3]，但与成本增长相比，近年来，我国蔬菜生产的每亩净利润增长相对较慢，成本利润率呈现波动下降趋势。据统计，2003—2010年，我国蔬菜生产的成本利润率基本保持在80%以上，2010年后逐步下降，2017年一度降至40%以下，之后虽然有所提高，但仍低于之前水平。

3. 人工与土地成本占比提高　在城镇化进程中，蔬菜生产空间受到挤占，农村劳动力不断涌入城市，雇工、地租费用显著提高[4]。2003—2020年，尽管蔬菜生产用工天数由51.3天降至31.7天，但雇工工价由26.9元增至127.4元，导致每亩人工成本由495.11元增至3 084.03元，人工成本占比也由40%左右增至近60%。2003—2020年，蔬菜生产每亩土地成本53.4元，2020年增至395.86元，占总成本比例也由4.1%增至7.7%。

三、不同品种蔬菜的生产成本比较

蔬菜种类众多，生产方式又可分为露地和设施生产，不同品种、不同生产方式的蔬菜的生产成本存在较大差异[5][6]。笔者进一步收集整理了大白菜、马铃薯、番茄、黄瓜、茄子等主要蔬菜品种的生产成本收益数据，分析蔬菜品种间生产成本收益的异同点。

1. 果类蔬菜生产成本收益较高　数据分析发现，大白菜、马铃薯等“大路菜”用工天数相对较少，人工、物质投入相对较低。2020年，大白菜、马铃薯生产每亩总成本分别为2 774.21元和2 003.03元。与之相对，番茄、黄瓜、茄子等果类蔬菜生产用工多、物质投入大，露地生产每亩成本在5 000元左右，远高于“大路菜”。其设施生产固定资产投资更高，持续生产用工更多，化肥、农药投入更大。数据显示，番茄、黄瓜、茄子等设施生产每亩总成本是露地生产总成本的2倍左右。

2. 多数蔬菜生产成本收益变化一致　据统计，2003—2020年，大白菜、黄瓜、茄子、番茄等蔬菜每亩成本增长均在2倍左右，设施茄子每亩成本增长甚至接近3倍。黄瓜、番茄、茄子等蔬菜的露地生产每亩收益均超7 000元，设施生产每亩收益均超17 000元，增长超1.5倍；露地生产每亩净收益为3 000～5 000元，增长约1倍；设施生产每亩净利润均在 8 500 元以上，增长近 2 倍。2020 年，大白菜每亩收益约 5 000 元，每亩净收益约 2 100元，增长均超过 2 倍。几种蔬菜生产的人工成本明显增长，人工成本占比显著提高，成本利润率也均呈现波动下降趋势[7]。

3. 马铃薯成本收益变化与其他蔬菜存在明显区别　尽管马铃薯生产的人工、土地和物质投入均不断增长，但增长幅度存在明显差异。2003—2020 年，马铃薯生产每亩人工成本、物质与服务费用分别增长 2.0 倍和 1.8 倍，而土地成本增长 8.4 倍。与其他蔬菜成本结构变化不同的是，马铃薯人工成本占比出现下降，由 34.3%降至 30.5%；土地成本占比明显增长，由 7.1%增至 19.8%。其物质与服务费用占比也显著下降，由 58.6%降至 49.7%。此外，马铃薯生产每亩总成本增长 2.4 倍，每亩收益增长 1.2 倍，每亩净利润几乎没有变化，成本利润率呈现不断下降趋势，由 91.2%降至 26.3%。

第二节　蔬菜及主要作物播种面积与成本收益关联分析

蔬菜种植面积取决于生产的比较收益，比较收益既与蔬菜生产本身的成本利润相关，也与其他作物的成本利润以及非农收益相关[7]。笔者进一步整理了蔬菜及主要作物的播种面积，进而探索归纳两者之间的关联，发现成本收益对生产的影响。

一、从区域分布看蔬菜与主要作物的关系

笔者收集整理了 2020 年各省蔬菜、小麦、稻谷、玉米、大豆、油料、糖料的播种面积数据，计算各省上述作物播种面积占比，发现其主要产区。从中可以发现，我国蔬菜生产十分广泛，黄淮海平原、江汉平原、两广、四川和云贵高原都是蔬菜的主要产区。对比发现，蔬菜主产区与小麦、稻谷、玉米、油料作物多有重合。其中，黄淮海平原不仅是蔬菜主产区，也是小麦、玉米的重要产地，河南、山东、河北、江苏 4 省的小麦、玉米播种面积分别占全国的 60%和 30%左右；江汉平原则是稻谷、油料的主产区，湖北及湖南两省的稻谷、油料播种面积占全国的 20%左右；广西糖料种植较为集中，播种面积占全国的一半以上。在几种主要作物中，大豆主要分布在黑龙江，当地蔬菜生产在全国占比较低，对蔬菜生产的影响较为有限；糖料主要集中在广西，尽管当地蔬菜生产在全国占有一定比例，但总体看影响不大。产地分布上的重合使得蔬菜生产可能与小麦、稻谷、玉米、油料等作物存在竞争关系，蔬菜种植规模大小将随着几种作物比较收益的变化而变化。

二、蔬菜与主要作物的成本收益综合比较

前文分析发现，蔬菜生产成本利润率明显高于粮食及其他作物，但用工天数和人工成本也明显高于其他作物。现实中，农业生产往往具有兼业经营的特点[8]，单纯比较成本利润率，很可能忽视了生产的时间成本和综合收益，造成分析上的偏差。为了更加全面地比较蔬菜与其他作物生产的成本收益状况，笔者从多个角度进行了综合分析。

随着城镇化、工业化的不断推进，农村劳动力大量进入城市非农部门，非农就业成为农民收入的重要来源。2001—2021 年，农民工月均工资由 644 元增至 4 432 元，增长 5.9

倍，年均增长 9.65%。据统计，截至 2020 年，我国农民工总量已经接近 2.9 亿人，农村居民外出务工收入占人均可支配收入的 40%左右，外出务工所带来的工资性收益已远超农业种植收益，成为农民收入及增收的最主要组成部分。非农就业机会增加、外出务工收入提高，在带动农业劳动力大量转出的同时，也给蔬菜等生产带来一定的冲击和影响[9]。

蔬菜生产属于劳动密集型农业，种植的劳动工序多，育苗、定植、移栽、采摘等间隔时间相对较短[10][11]，往往需要家庭持续投入劳动，这意味着从事蔬菜生产很难参与非农就业。而小麦、稻谷、玉米、油料、糖料作物关键农事节点间隔较长，便于机械化，生产中用工天数较低且较为集中，农民可以在生产种收间隔参与非农就业。尽管蔬菜生产每亩收益、净利润以及成本利润率明显高于其他作物，但难以获得非农收入，若种植规模偏小、家庭劳动力不足，种植的比较优势将显著降低。

三、蔬菜播种面积与成本收益的关联分析

延续前文的分析思路，蔬菜播种面积受到各种作物的成本收益影响，也与非农就业机会和收入相关。此外，作为农业生产的基础，耕地等资源也是重要的影响变量。可以发现，蔬菜生产是在要素条件、技术进步和非农发展等多因素综合影响下的决策过程，耕地资源条件、劳动力数量决定生产上限，二三产业不断发展，农业与非农产业劳动工资差距引起农业劳动力不断转出，带动农业用工成本攀升。同时，农业生产技术不断进步，不同作物要素配置与成本构成动态演化，种植成本、利润也相应调整，从而引起包括蔬菜在内的各种作物种植规模变化（图 2 - 1）。

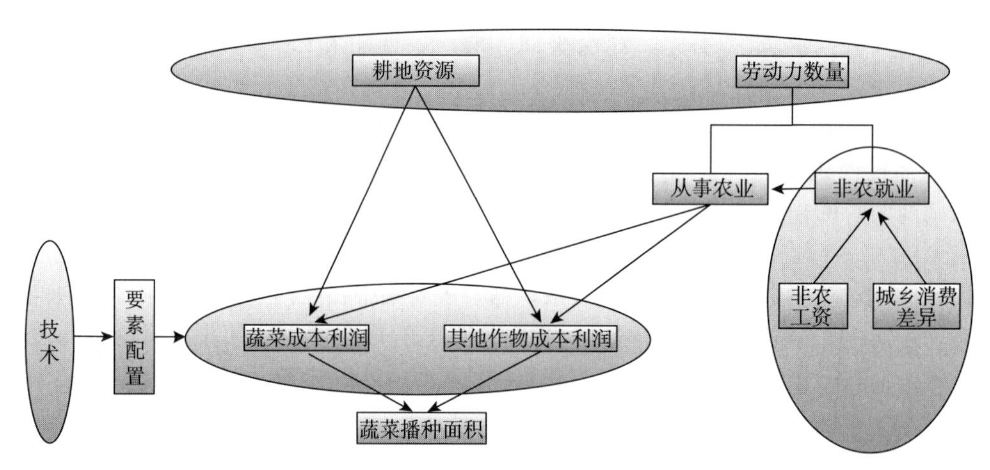

图 2 - 1　蔬菜生产与相关因素影响关联

笔者进一步整理了 2002—2017 年蔬菜以及粮食、油料等作物的成本收益、外出务工工资、耕地面积等数据，构建回归模型，定量分析相关因素对蔬菜播种面积的影响。所构建模型形式如式（2 - 1）所示：

$$y_t = c + \beta_1 \cdot land_t + \beta_2 \cdot vg_{t-1} + \beta_3 \cdot wv_{t-1} + \beta_4 \cdot \exp_{t-1} \qquad (2-1)$$

其中，y_t 为第 t 年蔬菜播种面积，$t = 1, 2, 3, \cdots$；$land_t$ 为第 t 年耕地面积，反映当年资源禀赋情况；vg_{t-1} 为第 t -1 年（即上年）蔬菜与粮食生产每亩净利润之差，反映蔬菜

与粮食生产的比较优势，vg_{t-1} 越大，表明蔬菜生产越具优势。由于农产品生产周期较长，生产决策很大程度上取决于前期价格，因此选择滞后一期净利润之差进行分析；wv_{t-1} 为第 t-1 年农民工工资增长率与蔬菜每亩净利润增长率之差，反映非农就业与蔬菜生产的比较优势，wv_{t-1} 越大，表明非农就业比较优势越强；$\exp_{t-1}$ 为第 t-1 年城乡居民食品与住房消费支出之比，反映城镇生活与农村生活基本消费差距，$\exp_{t-1}$ 越大，城乡消费支出差距越大。

蔬菜、粮食每亩净利润数据来源于相应年份的《全国农产品成本收益资料汇编》，耕地面积数据来源于《中国土地资源公报》，农民工工资来源于国家统计局发布的《农民工监测调查报告》，城乡居民食品和住房消费支出来源于《中国统计年鉴》。蔬菜播种面积与相关变量的回归分析结果见表 2-1。

表 2-1　蔬菜播种面积与相关变量的回归分析结果

变量	系数	标准误	t 统计量	伴随概率
截距	−4.064	2.09	−1.94	0.08
$land_t$	0.349	0.10	3.52	0.01
vg_{t-1}	0.015	0.00	4.04	0.00
wv_{t-1}	−0.004	0.00	−3.17	0.01
exp_{t-1}	−0.270	0.22	−1.22	0.25
R 平方	0.920		最大似然值	26.82
调整 R 平方	0.880		AIC 统计量	−2.91
F 统计量	27.080		SC 统计量	−2.67
伴随概率（F 统计量）	0.000		*Durbin-Watson* 统计量	2.48

从回归结果看，蔬菜播种面积主要受到 $land_t$ 、vg_{t-1} 、wv_{t-1} 的显著影响。其中，$land_t$ 耕地面积对蔬菜播种面积存在显著正向影响，其回归系数为 0.35，结合数量单位，耕地面积每增加 1 亩，蔬菜播种面积将增加 0.35 亩。vg_{t-1} 蔬菜与粮食生产每亩净利润之差对蔬菜播种面积表现为正向影响，其回归系数为 0.015，净利润之差每增加 100 元，蔬菜播种面积将增加约 150 万亩。wv_{t-1} 农民工工资增长率与蔬菜每亩净利润增长率之差对蔬菜播种面积存在显著负向影响，其回归系数为−0.004，农民工工资增长速度每超过蔬菜每亩净利润增长 1 个百分点，蔬菜播种面积减少 40 万亩。尽管 exp_{t-1} 城乡居民食品与住房消费支出之比对蔬菜播种面积存在负向影响，但这种影响在统计学上并不显著。

第三节　我国蔬菜生产的未来展望

通过前文的理论研讨和实证分析，可以发现蔬菜生产与耕地资源、非农就业、种植比较收益有着密切联系。本节将进一步归纳近年来相关因素的演化规律，进而对未来蔬菜生产进行展望。

一、耕地资源的变化趋势

据第三次全国土地资源普查数据，截至2019年年底，我国耕地面积为19.18亿亩，较10年前减少1.13亿亩，年均减少1 100万亩。从近年来的变动看，我国耕地面积呈现缓慢下降的态势。随着城镇化深入推进，我国耕地资源保护仍面临较大压力[12]。未来，我国将坚持最严格的耕地保护制度，强化耕地数量保护和质量提升，严守18亿亩耕地红线，遏制耕地“非农化”、防止“非粮化”，规范耕地占补平衡，严禁占优补劣、占水田补旱地。2017年，国务院印发《全国国土规划纲要（2016—2030年）》，明确提出2030年我国耕地保有量目标为18.25亿亩。耕地面积缓慢减少将制约蔬菜播种面积增长，给生产持续发展带来不利影响，并使蔬菜播种面积倾向于下降。

二、劳动力转移的变化趋势

二三产业持续发展，促使劳动力不断从农村农业生产转移为城镇非农就业[13]。根据国家统计局数据，2010—2020年，我国农民工人数由2.42亿人增至2.93亿人，平均每年增加430万人以上，年均增长1.7%。与之相对应，10年间我国常住人口城镇化率提高了14.2个百分点，每年平均提高1.4个百分点。2020年，我国常住人口城镇化率水平已经达到63.8%，接近《国家人口发展规划（2016—2030年）》中2030年常住人口城镇化率65%的目标。根据国家卫生健康委员会预测，2030年我国常住人口城镇化率或达到70%，但增速将较2010—2020年放缓，由“速度和数量”向“质量和品质”转变。劳动力转出速度放缓，或引起非农就业工资较快增长，引发农民工工资收入与蔬菜生产收益变动，间接影响蔬菜种植规模的扩张。

三、种植比较收益的变化趋势

根据《全国农产品成本收益资料汇编》数据，2001—2020年，我国蔬菜生产与粮食生产、油料生产的成本利润率之差总体呈现“V”字形波动，2020年较2001年出现较大下降，蔬菜生产的比较优势有所减弱。2020年，蔬菜生产与粮食生产、油料生产的成本利润率之差分别为79.0%和66.7%，远低于2001年的96.2%和106.6%。粮食、油料等作物劳动用工较少，更适宜大规模机械化生产，而蔬菜生产耗费劳力，人工成本巨大，不便开展机械化[14]，在劳动力日益稀缺、人工费用不断增长的背景下，蔬菜生产成本增长将快于粮食、油料生产。未来蔬菜生产的比较优势，很大程度上取决于价格水平，并与产业结构和发展水平密切相关。近年来，我国实施供给侧改革，不断推动农业高质量发展，通过增加蔬菜产品加工价值、提高品牌价值、挖掘文化价值，实现更高溢价，推动产业升级，相关措施将有利于蔬菜生产持续健康发展。

尽管近年来我国蔬菜生产保持了平稳增长的态势，播种面积和产量不断提高，但也受到资源、要素等越来越多的约束和影响，在发展中仍然面临着一些问题和挑战。未来，我国耕地资源限制将在一定程度上制约蔬菜播种面积增长，劳动力转出速度放缓、外出务工工资较快增长也将影响到蔬菜种植发展。蔬菜产业发展在很大程度上将依赖结构优化、技术进步、产业升级，通过激发内在发展动力，实现持续健康发展。

参考文献

[1] 肖体琼，何春霞，陈巧敏，等．基于机械化生产视角的中国蔬菜成本收益分析［J］．农业机械学报，2015，46（5）：75-82.
[2] 李首涵，何秀荣，杨树果．中国粮食生产比较效益低吗？［J］．中国农村经济，2015（5）：36-43，57.
[3] 范成方，史建民．粮食生产比较效益不断下降吗——基于粮食与油料、蔬菜、苹果种植成本收益调查数据的比较分析［J］．农业技术经济，2013（2）：31-39.
[4] 王牧野，李建平，李俊杰．成本收益视角下中国设施蔬菜生产效率研究——以黄瓜、番茄栽培为例［J］．中国农业资源与区划，2021，42（12）：170-183.
[5] 黄修杰，白雪娜．我国大中城市蔬菜种植成本与收益分析［J］．南方农业学报，2015，46（10）：1915-1919.
[6] 王亚坤，王慧军．我国设施蔬菜生产效率研究［J］．中国农业科技导报，2015，17（2）：159-166.
[7] 张喜才，张利庠，张屹楠．我国蔬菜产业链各环节成本收益分析——基于山东、北京的调研［J］．农业经济与管理，2011（5）：78-90.
[8] 范垄基，穆月英，付文革．大城市蔬菜生产影响因素分析——基于对北京市196个蔬菜种植户的调研［J］．调研世界，2012（12）：17-20.
[9] 黄修杰．果类蔬菜种植成本收益及其影响因素研究［J］．北方园艺，2018（22）：187-194.
[10] 王欢．我国蔬菜生产效率及其时空效应研究［D］．北京：中国农业大学，2018.
[11] 张维诚，许朗．设施番茄新品种成本收益分析［J］．北方园艺，2018（3）：186-191.
[12] 程红娇．有机蔬菜种植成本收益分析［D］．成都：西南财经大学，2016.
[13] 窦晓博，邵娜．近年中国蔬菜种植成本收益分析［J］．农业展望，2018，14（3）：43-47.
[14] 陈菁．蔬菜大棚生产成本与收益分析［J］．农业科技与装备，2021（3）：64-66.

第三章

我国蔬菜生产空间布局的演化及其影响因素分析

我国蔬菜生产在规模增长的同时，空间布局也不断调整演化。生产区域变动不仅关系到产业发展，也与市场流通和消费需求变动密切相关。在整理蔬菜分省播种面积数据的基础上，笔者总结归纳我国蔬菜生产空间布局演化，并运用面板数据模型方法，定量分析了蔬菜生产空间布局的影响因素。

第一节 我国蔬菜生产空间布局的演变特征

笔者收集整理了1978—2018年各省份蔬菜播种面积数据，计算并对比了各年度各省份蔬菜播种面积增长率，分阶段讨论我国蔬菜生产空间布局演化情况及其特征。根据蔬菜播种面积增长率及其区域差异，将蔬菜生产空间布局变化大体划分为1978—1990年、1991—2000年、2001年以后三个阶段，分别加以讨论。

一、1978—1990年蔬菜生产空间布局的变化及特点

根据国家统计局数据，整理1978—1990年各省份蔬菜播种面积年均增长率（图3-1）。这一时期，我国蔬菜种植规模快速增加，蔬菜播种面积年均增长5.8%，但各省增速存在显著差异。其中，江苏、江西、广西、福建、浙江、湖北、广东、贵州、四川、云南、安徽、河南、湖南等省份增速高于全国，其他省份低于全国增长率，个别省份（青海、吉林、黑龙江等）蔬菜播种面积总体减少。从区域分布看，增长主要集中在华中、华南、西南各省份，北方省份增长相对缓慢，东北、西北地区增长最为缓慢，甚至出现下降。

从各省份蔬菜播种面积在全国占比看，1978—1990年四川省蔬菜播种面积占比增加3.1个百分点，江苏、广东、江西、广西等省份的占比增加均超过2个百分点。与之相对，山东、辽宁、吉林、河北等省份的占比下降均超过2个百分点。这一时期，我国蔬菜种植呈现向南方省份转移的特点。改革开放初期，粮食、油料种植在种植业中占据绝对主导，尤其是在北方地区更为明显。1978年，东北三省和河北、河南、山东、山西、陕西8省粮食播种面积占全国的45%，同时占到上述省份作物播种面积的85%左右。南方大部分省份粮食播种面积占各省作物播种面积的75%左右，江西、湖北、湖南粮食播种面积占比低于70%。改革开放后，粮食供给逐渐充裕，农业生产向比较收益更高的产品调整，多数省份粮食种植均有所减少，南方的广东、广西等省份粮食种植

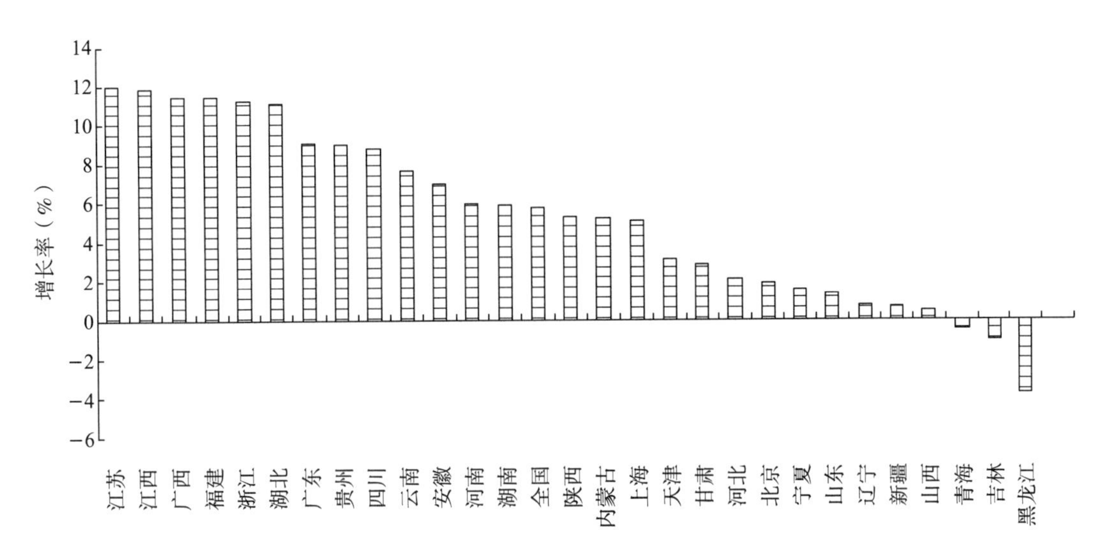

图 3-1　1978—1990 年各省份蔬菜播种面积增长率
（数据来源：国家统计局。）

减少显著，年均分别减少 3.1%、1.3%；东北三省、北京、天津、河北、山西等省份粮食种植也显著减少。在这一过程中，北方省份更多地转向油料种植，山东、河北、山西、陕西油料播种面积年均增长 2.5%～6.3%；而南方省份更多转向蔬菜种植，蔬菜生产在空间上向南转移。至 1990 年，长江以南 13 个省市蔬菜播种面积约占全国蔬菜播种面积的 60%。

二、1991—2000 年蔬菜生产空间布局的变化及特点

1991—2000 年，我国蔬菜播种面积增长进一步加快，全国蔬菜播种面积年均增长达到 9.3%。这一时期，我国北方省份蔬菜种植显著增加，南方省份增速放缓。其中，山东、广西、内蒙古、宁夏、河北、江苏、甘肃、河南、湖南、湖北等省份年均增长高于全国，其他省份增长低于全国平均增速，仅西藏自治区蔬菜播种面积总体减少（图 3-2）。各省份中，山东省蔬菜播种面积增长最为明显，年均增长超过 17%，内蒙古、宁夏、河北、甘肃、河南等北方省份增长位于前列，黑龙江、吉林等省份的蔬菜播种面积也由下降转为增长，而南方省份增速普遍低于北方省份，较前期增速略有下降。

从各省份蔬菜播种面积在全国的占比看，山东、河南、河北、江苏以及广西占比增长超过 1 个百分点，特别是山东，占比增加 6 个百分点，成为全国蔬菜最大产区。这一时期，我国蔬菜种植重心向北方移动，具体向地处黄淮海平原的山东、河南、河北、江苏等省份集中。2000 年，黄淮海地区蔬菜播种面积占全国的比例由 1990 年的 28.0% 增至 37.2%。山东等北方省份蔬菜播种面积快速增长，一定程度上得益于设施生产的推广。北方地区冬春季节天气寒冷，难以开展蔬菜生产，设施生产打破了气候对蔬菜生产的限制，提高了土地利用效率，实现了蔬菜反季节销售。由于种植效益较高，设施生产得以在北方快速推广。

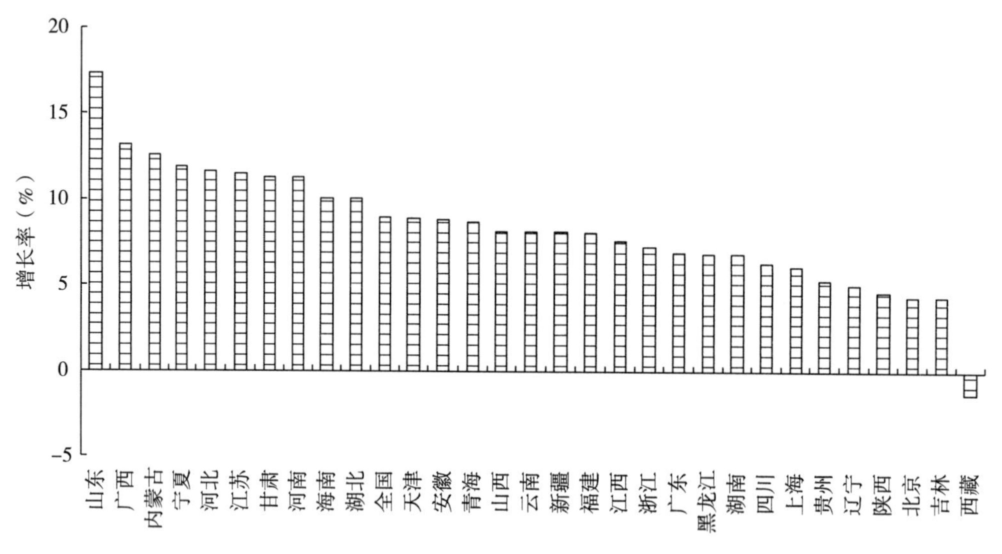

图 3-2　1991—2000 年各省份及全国蔬菜播种面积增长率

（数据来源：国家统计局。）

三、2001 年后蔬菜生产空间布局变化及特点

这一时期，我国蔬菜播种面积增长明显放缓，全国蔬菜播种面积年均增长已降至 1.8%。各省份蔬菜生产出现明显分化，表现为西南、西北省份增长较快；华北、华东、东北地区多个省份蔬菜播种面积下降（图 3-3）；贵州、西藏、云南、青海、宁夏等西部省份年均增长超过 5%，明显高于其他省份。

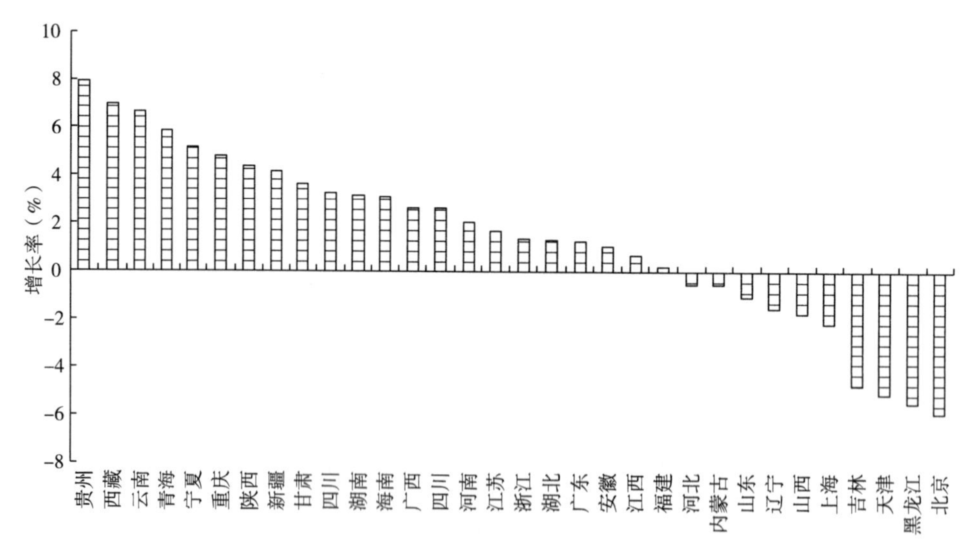

图 3-3　2001—2018 年各省份蔬菜播种面积变化

（数据来源：国家统计局。）

从各省份蔬菜播种面积在全国的占比看，山东蔬菜播种面积全国占比显著减少，下降4.5个百分点；云南、贵州占比显著增加，分别增长3.2和4.5个百分点。这一时期，黄淮海地区增长缓慢，甚至减少，面积占比有所下降；西南、西北各省份增长明显，生产逐渐向西部转移。经过多年发展，我国蔬菜生产摆脱了短缺局面，设施生产等种植技术得到广泛推广应用，供给日益丰富。随着蔬菜种植面积的增加，黄淮海、华中和华南等蔬菜主产区土地、水资源约束趋紧，劳动成本、地租不断增长，种植面积增长放缓，甚至开始减少；而西部省份土地和劳动力成本相对较低，在交通运输和通信条件明显改善等因素的推动下，蔬菜种植开展逐渐转向西部省份。

第二节 蔬菜生产空间布局演化的理论分析

回顾和总结我国蔬菜生产空间布局演化，可以发现其演化受到多种因素的影响，与经济发展阶段与粮食安全保障水平密切相关，受到资源条件、技术进步、人口变迁、交通状况等方面的影响。深入分析蔬菜生产空间布局变化，有必要在全面总结已有研究的基础上，构建系统理论模型，从而为实证分析提供坚实支撑。

一、蔬菜及农产品生产空间布局演化研究综述

学者对我国蔬菜生产布局变化进行了深入研究。刘雪（2002）认为蔬菜生产遵循比较优势原则，产地与城市距离、水热条件、人口分布、交通运输成本等对蔬菜生产均有影响[1]。Von Thanen（1996）、黄季焜（2007）认为，中国种植业的结构调整表现为以蔬菜生产扩张为主，其重要原因是市场基础设施的改进和交通设施的完善[2][3]。周应恒（2007）提出在城镇化、工业化进程中，人口涌入城镇和非农部门，消费向城市集中，蔬菜种植则由城市近郊向远郊和农区转移，蔬菜产地、销地在空间上逆向变动，进一步促成广域流通格局的形成[4]。卢凌霄（2011）采用生产规模指数、绝对离差和相对离差等指标，衡量不同阶段蔬菜生产地区专业化程度，发现我国蔬菜生产已供过于求，出现区域性集中现象，大范围、广域流通格局逐渐形成[5]。王世尧（2013）从相对收益的视角，解释了我国蔬菜种植面积变动，运用收敛型蛛网模型，分析认为农户蔬菜种植决策是往期蔬菜种植、预期收益的函数[6]。朱文哲（2015）分析了开封市蔬菜种植分布，指出其分布特征受市场、交通、技术、地租等多方面因素的影响[7]。吴建寨（2016）通过构建蔬菜生产比较优势度指数，得出区域生产优势变动是区域经济发展定位、农业结构调整、比较收益变化与科技创新驱动等因素共同作用的结果[8]。李哲敏（2018）认为，改革开放后中国蔬菜生产的产量、质量、区域布局不断发展调整，专业化生产格局已基本形成[9]。

总的看，现有研究深入总结了我国蔬菜生产布局变化，在一定程度上揭示了生产空间变化的影响因素，部分研究进行了较为深入的量化分析，归纳了不同因素的影响机制。笔者在总结已有研究的基础上，从资源条件、劳动力因素、经济及产业结构、市场流通条件等方面，构建系统的理论模型，进而开展实证分析，以期进一步丰富相关研究。

二、蔬菜生产空间布局演化的相关影响因素

1. 农业资源条件　农业资源是蔬菜生产的基本载体，包括土地、水资源以及适宜的气候条件，笔者主要对土地和水资源情况进行了分析。土地多寡和质量直接关系到蔬菜的生产空间，很大程度上决定着蔬菜种植面积。尽管近年来蔬菜设施生产推广较快，蔬菜种植茬口不断增加，复种指数显著提高，但并没有改变蔬菜种植对土地的基本依赖。与大多数作物相同，蔬菜在生长过程中需要消耗大量的水，水资源也是蔬菜生产中必不可少的要素。

2. 人口劳动力因素　蔬菜属于劳动密集型农业，劳动力投入大。近年来，我国城镇化不断推进，人口在城乡、区域间大量流动，对蔬菜的消费和生产有一定的影响作用。人口规模决定蔬菜消费需求，同时，由于蔬菜食鲜要求高且易腐难存，人口向某一城市或区域集中，需要在周边地域开展蔬菜种植，带动转入地及周边地区的蔬菜生产。而转出地由于劳动力流失，可能会给当地蔬菜生产带来一定负面影响。另外，蔬菜种植劳动强度大，对农户体力要求较高，因此劳动力年龄结构也将影响其生产分布。

3. 经济及产业结构　与二三产业相比，农业生产利润相对较低、投资周期较长、市场风险较大，表现出显著的弱质性。经济发达地区二三产业规模较大，占比较高，发展蔬菜等农业的倾向较弱。而经济发展落后地区的二三产业发展相对滞后，农业依然是不少地方劳动力就业的主要渠道，蔬菜生产发展的倾向相对较高。

4. 市场流通条件　流通是连接蔬菜生产和消费的桥梁，流通条件对于蔬菜生产区域具有重要影响。市场体系越健全，交通运输和通信条件越便利，蔬菜的流通范围将越大，其生产便可以在更大范围内开展。反之，若市场体系不够健全，交通运输和通信条件较差，蔬菜流通的范围便会受到限制，生产也仅能在有限范围内开展。

三、蔬菜生产空间布局演化理论模型构建

基于以上理论分析，笔者构建了定量分析模型，所构建模型形式如式（3-1）所示。

$$y_{it}=c+\alpha_1\cdot l_{it}+\alpha_2\cdot lp_{it}+\alpha_3\cdot lp_{it}^2+\alpha_4\cdot ap_{it}+\alpha_5\cdot ind_{it}+\alpha_6\cdot trans_{it} \quad (3-1)$$

式中，y_{it} 为被解释变量，表示 i 省第 t 年蔬菜播种面积占比，反映蔬菜种植区域布局。l_{it}、lp_{it}、ap_{it}、ind_{it}、$trans_{it}$ 为解释变量。其中，l_{it} 表示 i 省第 t 年耕地面积，反映各省份蔬菜生产的土地禀赋情况；lp_{it} 表示 i 省第 t 年农村人均耕地面积，反映各省份劳动力与耕地的配置情况。由于蔬菜属于劳动密集型产业，单位劳动力可种植面积相对有限，人均耕地面积过大或过小均不利于生产，故 lp_{it} 的影响很可能并非线性的，将其二次项纳入考量；ap_{it} 表示 i 省第 t 年老年人口抚养比，反映各省份人口老龄化程度；ind_{it} 表示 i 省第 t 年二三产业增加值占比，反映各省份产业结构情况；$trans_{it}$ 表示 i 省第 t 年等级公路里程，反映各省份交通运输条件。

第三节　我国蔬菜生产空间布局演化实证分析

在构建理论模型的基础上，笔者又收集整理了各省多个变量连续十余年的面板数据，

采用固定效应模型进行定量分析，讨论相关因素对蔬菜生产空间布局的影响。

一、数据来源与处理

限于各变量相关数据的可获性，笔者收集整理了2002—2018年各省份蔬菜播种面积、一二三产业增加值、耕地面积、乡村人口数、老年人口抚养比、等级公路里程等数据，并计算了各省份蔬菜播种面积占比、二三产业增加值占地区生产总值比例、农村人均耕地面积等数据，相关原始数据均来源于国家统计局。分析前，对解释变量相关数据进行了对数处理，以消除变量量纲，降低异常值影响。

二、模型实证结果与分析

运用面板数据进行分析，首先需要对模型形式进行判断。所构建方程涉及变量较多，笔者主要针对固定系数模型形式进行检验，采用Hausman检验方法。首先利用Hausman检验判断随机效应模型是否合适，检验结果表明随机效应模型不合适。再选择个体固定效应构建模型，并检验固定效应是否合适，结果表明选择个体固定效应模型形式是合理的（表3-1）。

表3-1　蔬菜生产区域布局影响模型的Hausman检验结果

原假设	卡方统计量	标准误自由度	伴随概率
原假设1：采用随机效用形式是合适的	43.40	6	0.00
原假设2：采用截面固定效应模型没有必要	92.00	30，366	0.00

使用个体固定效应模型进行估计，结果见表3-2。从结果看，人均耕地及其平方项，老龄人口抚养比，二三产业占比，等级公路里程等变量的回归系数t统计量绝对值较大，伴随概率均小于0.05，表明上述变量对蔬菜播种面积占比的影响在统计上是显著的。所有变量中，仅耕地面积对蔬菜播种面积占比影响不显著。分析认为，尽管耕地面积很大程度上制约着蔬菜种植规模，但耕地面积在若干年内很难发生显著变化，因此在统计上表现并不显著。

表3-2　蔬菜生产区域布局影响模型回归结果

变量	系数	标准误	t统计量	伴随概率
截距项	12.64	4.74	2.66	0.01
l_{it}	−0.78	0.58	−1.34	0.18
lp_{it}	0.82	0.31	2.64	0.01
lp_{it}^2	−0.06	0.02	−3.17	0.00
ap_{it}	−0.06	0.02	−3.27	0.00
ind_{it}	−0.05	0.02	−2.35	0.02
$trans_{it}$	0.35	0.14	2.56	0.01

（续）

变量	系数	标准误	t 统计量	伴随概率
个体固定效应	北京	−3.06	湖北	2.72
	天津	−2.94	湖南	3.29
	河北	1.77	广东	3.56
	山西	−2.09	广西	3.59
	内蒙古	−2.8	海南	−3.25
	辽宁	−1.19	重庆	0.37
	吉林	−3.26	四川	3.91
	黑龙江	−2.3	贵州	1.14
	上海	−2.46	云南	1.01
	江苏	4.55	西藏	−4.65
	浙江	0.98	陕西	−0.73
	安徽	1.41	甘肃	−2.1
	福建	0.39	青海	−4.13
	江西	0.2	宁夏	−3.97
	山东	6.38	新疆	−3.24
	河南	6.89		
方程显著性	拟合优度	0.97	F 统计量	339.83
	调整拟合优度	0.97	伴随概率	0

农村人均耕地及其平方项对蔬菜生产区域布局有着显著影响。农村人均耕地面积对蔬菜播种面积占比影响为正，回归系数为0.82，表明随着农村人均耕地面积的增长，蔬菜播种面积占比也会相应提高，前者每增加1%，后者将提高0.82个百分点。农村人均耕地面积平方项对蔬菜播种面积占比的影响为负，表明人均耕地面积对区域布局占比存在曲线影响，当人均耕地面积超过一定数值后，蔬菜播种面积占比也将随之下降。结合各省份人均耕地面积实际取值，可以发现蔬菜种植将倾向于人均耕地资源较为充足的地区，这些地区将在蔬菜种植中占有更高比例。

老龄人口抚养比对播种面积占比有着负向影响，且具有显著的统计学意义，老龄人口抚养比每增加1个百分点，蔬菜播种面积占比将下降0.06个百分点。这一结果表明，蔬菜种植倾向于人口老龄化程度相对较轻的地区，这些地区将在蔬菜种植中占有较高比例。

对产业结构的考察表明，二三产业占比对蔬菜播种面积占比同样有着负向影响。二三产业占比每提高1个百分点，蔬菜播种面积占比将下降0.05个百分点，这与理论上的判断一致。二三产业占比较高，往往意味着在经济发展中处于领先位置、更高的非农就业机会和更高收入，对于蔬菜生产而言，则意味着更高的土地和劳动力成本，这些因素均不利于蔬菜生产规模的扩大。

对交通条件的分析表明，交通条件越好，对于提高蔬菜生产占比越有利。等级公路里程每增长1%，蔬菜播种面积占比将提高0.35个百分点。优越的交通条件，意味着在本省份内甚至是周边省份更好的流通条件，意味着更远的流通距离和更大的销售市场。

对个体固定效应的分析表明，北京、天津、上海、山西、内蒙古、辽宁、吉林、黑龙江、陕西、甘肃、宁夏、青海、海南、西藏、新疆15个省份的个体效应为负值，表明其蔬菜播种面积占比低于截距项水平。相关省份主要分布在东北、西北或为直辖市，这些地区农业资源条件相对较差，或者耕地面积有限，或者气候条件较差，蔬菜播种面积占比也较低。除上述省份外，其余省份蔬菜播种面积占比要高于截距项，这些省份主要分布在我国东部、中部、南部等水土资源较好的地区。

笔者进一步整理了前后时期各省份农村人均耕地面积变化（表3-3），2017年老龄人口抚养比和二三产业占比情况，以分析研判未来蔬菜生产区域布局。可以发现，近年来，北京、上海、天津、浙江、广东等省份的农村人均耕地普遍减少，老龄化程度较高，二三产业占比普遍超过95%，未来蔬菜生产发展空间有限，预计种植面积占比将趋于下降。江苏、山东、安徽、河北、陕西、河南、福建、湖南、江西、湖北、山西、四川等省份人均资源条件有所改善，或推动蔬菜生产发展，但老龄化程度较高，二三产业占比普遍超过90%，将抑制蔬菜生产扩张，相关省份未来蔬菜生产将主要取决于其人口流动和结构变化情况。西藏、青海两省份农村人均耕地略有增加，老龄化程度相对较低，二三产业占比在90%左右，蔬菜生产或因资源要素变化有所增加，但限于自然条件，增长将较为有限。广西、云南、贵州、海南等省份农村人均耕地增长，老龄化程度较低，二三产业占比相对较低，未来蔬菜生产或进一步增加，种植占比或有所提高。宁夏、甘肃、新疆、内蒙古、重庆、黑龙江、辽宁、吉林等省份农村人均耕地明显增加，资源要素配置改善显著，其中，宁夏、甘肃、新疆、内蒙古等西北省份老龄化程度和非农产业占比相对较低，将有利于蔬菜生产，未来种植面积占比将有所增加。

表3-3　各省份人均耕地变化、老龄人口抚养比、二三产业占比情况

省份	人均耕地变化	老龄人口抚养比	二三产业占比
北京	−0.95	16.30	99.60
上海	−1.32	18.80	99.60
天津	−0.33	14.60	99.10
浙江	0.18	16.60	96.30
广东	−0.20	10.30	96.00
江苏	0.70	19.20	95.30
山东	0.61	18.60	93.30
安徽	0.74	19.10	90.40
河北	0.46	16.80	90.80
陕西	0.29	15.10	92.00
河南	0.68	15.90	90.70
福建	0.26	13.20	93.10
湖南	0.52	17.50	91.20
江西	0.56	14.20	90.80

（续）

省份	人均耕地变化	老龄人口抚养比	二三产业占比
湖北	0.98	17.00	90.10
山西	0.32	11.90	95.40
四川	−0.05	19.80	88.50
西藏	0.40	8.20	90.60
青海	0.02	11.00	90.90
广西	0.51	14.30	84.50
贵州	0.80	14.50	85.00
云南	0.56	11.60	85.70
海南	0.28	11.40	78.40
宁夏	1.20	11.60	92.70
甘肃	1.48	14.30	88.50
新疆	1.62	10.40	85.70
内蒙古	4.79	14.30	89.80
重庆	1.02	20.60	93.40
黑龙江	5.56	15.60	81.40
辽宁	1.64	18.60	91.90
吉林	2.41	16.20	92.70

数据来源：国家统计局。

三、结论总结

笔者整理了近20年来我国蔬菜播种面积等数据，运用面板分析方法对蔬菜生产空间布局演化进行了定量讨论。研究发现，我国蔬菜生产空间布局受到资源条件、技术进步、经济发展等多种因素影响。对生产空间演化的计量分析表明，蔬菜生产具有向耕地资源更为丰富、人口老龄化程度较轻、农业比重相对较大、交通条件较好地区转移的倾向。综合近年来蔬菜生产空间演化规律和模型分析结果，笔者认为未来我国沿海经济发达省市蔬菜种植面积占比将下降；东部、中部、南部省份蔬菜生产规模将在人口、资源等因素动态变化中调整；广西、云南、贵州、海南等西南省份的蔬菜种植面积或进一步增加，占比也将有所提高；西北、东北地区蔬菜生产的资源要素配置条件改善，或带动种植面积占比的提高。

参考文献

[1] 刘雪，傅泽田，常虹．我国蔬菜生产的区域比较优势分析［J］．中国农业大学学报，2002（2）：1-6.
[2] Von Thanen，J. H. Isolated State：An English Edition of Der Isolierte Staat［M］. Oxford：Pergamon Press，1996.

[3] 黄季焜，牛先芳，智华勇，等．蔬菜生产和种植结构调整的影响因素分析［J］．农业经济问题，2007（7）：4-10，110.

[4] 周应恒，卢凌霄，耿献辉．中国蔬菜产地变动与广域流通的展开［J］．中国流通经济，2007（5）：10-13.

[5] 卢凌霄．中国蔬菜生产的地区专业化程度分析［J］．经济问题探索，2011（12）：46-50.

[6] 王世尧，王树进．中国省区蔬菜种植面积变化中农户决策行为因素的实证分析［J］．经济地理，2013，33（9）：128-134.

[7] 朱文哲，杜萍萍，吴娜林，等．传统农区蔬菜生产区位研究——以河南省开封市为例［J］．人文地理，2015，30（2）：89-96.

[8] 吴建寨，张建华，宋伟，等．中国蔬菜区域生产优势度演变分析［J］．中国农业资源与区划，2016，37（4）：154-160.

[9] 李哲敏，任育锋，张小允．改革开放以来中国蔬菜产业发展及趋势［J］．中国农业资源与区划，2018，39（12）：13-20.

流 通 篇

第四章

我国蔬菜市场流通的现状、问题和对策

流通是衔接生产与消费的重要环节，决定了蔬菜价值的实现和农户家庭的收入。近年来，我国蔬菜市场流通体系不断健全，渠道日益拓展，效率逐步提高，但也存在着许多不足与问题。本章在总结我国蔬菜市场流通现状的基础上，分析流通中存在的问题和不足，并提出相应的对策。

第一节　我国蔬菜市场流通的现状分析

改革开放以来，我国持续加强农产品市场体系建设，特别是在“菜篮子”工程的推动下，农产品批发与零售市场建设快速推进，市场流通体系日益健全，流通环境明显改善，流通渠道逐步拓宽，流通效率得到提升，有效促进了产业发展和市场繁荣。

一、蔬菜市场流通规模持续扩大

随着我国蔬菜产业的快速发展，蔬菜市场流通规模也在不断扩大。2020 年，我国蔬菜产量达到 7.49 亿吨，较 2010 年增长约 1 亿吨。在产量规模增长的同时，我国蔬菜的商品化水平也在不断提高，绝大多数蔬菜通过各种渠道流通上市。根据《全国农产品成本收益资料汇编》数据，2020 年我国大中城市所产蔬菜中，销售上市的超过 95%，未上市销售的比例不足 5%。根据国家统计局数据，2020 年我国蔬菜市场成交额达到 7 834.71 亿元，较 2010 年增长 3 045.33 亿元，年均增长 5.0%。

二、蔬菜市场流通体系不断健全

经过多年建设，我国市场经济体制逐步完善，农产品市场流通体系不断健全。据商务部统计，全国现有各类农产品市场 4.4 万家，其中，批发市场 4 100 余家，年交易额在亿元以上的批发市场有 1 300 余家，有各类农贸市场、菜市场和集贸市场等近 4 万家，基本建成了以批发市场为核心，以各类农贸市场、菜市场、集贸市场为基础，覆盖全国、连通城乡的农产品市场流通体系，形成了跨区域、多层级、大市场、大流通的格局。批发市场在流通中是枢纽和关键，据不完全统计，目前全国约有 70%的蔬菜经由批发市场销往各地；农贸市场、菜市场、集贸市场在流通中是支流和末梢，通过这些零售网点将蔬菜销售配送至居民手中。近年来，大中城市不断织密零售网点密度，大大方便了居民的生活。

三、蔬菜市场流通条件逐步改善

随着市场建设的不断推进和交通通信条件的逐步改善，我国农产品市场设施与装备水平不断提高，市场流通环境明显改善，流通效率逐步提高。大中城市纷纷加强农产品批发市场建设，场地厅棚、交易结算、质量检测、加工物流、电子交易等设施与设备日益齐全，市场已由简单对手交易向加工处理、价格发现、信息服务、物流配送等多种服务功能拓展。在冷链物流建设方面，各级政府持续加大投入，着力提高冷链物流能力。2020 年，我国冷库库容超 7 080 万吨，较 2019 年增长 17.1%；冷藏车保有量达到 28.67 万辆，较 2019 年增加 33.5%。2020 年的中央 1 号文件提出实施“农产品仓储保鲜冷链设施建设工程”，国家发展和改革委员会与农业农村部组织实施了国家骨干冷链物流基地、农产品仓储保鲜冷链设施建设，着力强化农产品冷链物流建设。2020—2021 年，支持建设农产品仓储保鲜冷链设施建设项目约 5.2 万个，新增库容超 1 200 万吨，覆盖约 1 800 个县（市、区）、7 000 个乡镇、2.2 万个村。冷链物流的推广延长了蔬菜货架期，降低了损耗率，有效提高了蔬菜的流通效率。

四、蔬菜市场流通渠道不断拓展

20 世纪 80 年代，全国各大中城市陆续放开了传统集贸市场，“地产地销”的农贸市场流通快速恢复。随着“菜篮子”工程的不断推进，农产品批发市场建设加快发展，经由批发市场流通逐步成为蔬菜的主要流通方式。2008 年年底，为推进鲜活农产品“超市+基地”的流通模式，引导大型连锁超市直接与鲜活农产品产地的农民专业合作社产销对接，商务部、农业部组织开展了“农超对接”试点，采取多项措施强化产销对接，提高流通效率，“农超对接”“农校对接”“农企对接”等流通渠道不断发展。随着信息技术的快速发展和市民对安全便捷消费要求的提高，生鲜电商萌芽发展，并衍生出 B2C（商对客）、C2C（个人对个人）、O2O（线上到线下）多种模式。据统计，2013—2021 年生鲜电商交易额由 126.7 亿元增至 4 600 亿元以上，增长率始终保持在 20%以上，其中蔬果销售在生鲜电商销售中占较大比例，成为蔬菜流通的又一渠道。

第二节　我国蔬菜市场流通主要渠道分析

近年来，我国蔬菜市场流通渠道逐步拓展，本节将归纳不同流通渠道的参与主体、流经环节与流通特点（图 4-1），按照发展时间先后，分为传统流通渠道、“农超对接”渠道和线上流通渠道，梳理比较各种流通渠道的差异与优劣势，探讨未来蔬菜市场的流通趋势。

一、传统流通渠道

蔬菜易腐难存、时鲜性强，很大程度上限制了蔬菜的流通范围。长期以来，“就地生产、就地销售”的传统集市交易是蔬菜流通的重要方式，其生产也主要分布在城镇近郊。随着交通与通信条件的进步，蔬菜流通半径显著扩大，特别是市场建设不断推进，经由批

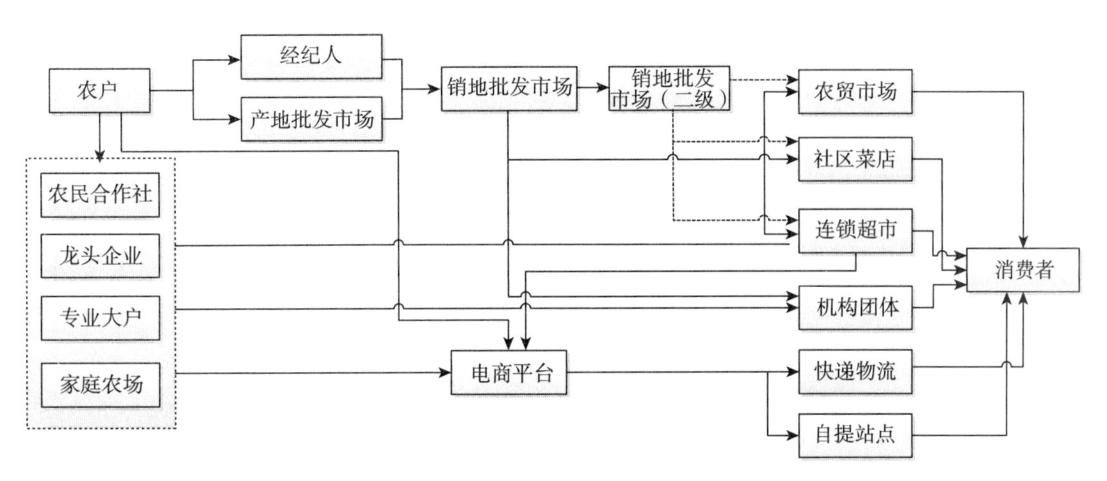

图 4－1　我国蔬菜市场流通渠道

发市场流通成为蔬菜流通的最主要渠道。

经由批发市场流通交易规模大、运输距离远、流通环节多，通常要经过农户、批发、零售、消费等环节。具体来看，农户（或合作社等）先将蔬菜销售给经纪人，或将蔬菜运送到产地批发市场销售，经由经纪人或产地批发市场销售到销地（一级）批发市场，进入城市流通，到达城市后，再经一级批发市场销售到二级批发市场或直接销售到农贸市场、菜市场、社区菜店等零售网点，最终经零售网点销售到消费者手中。在整个流通中，批发市场居于核心地位，通过大批量、集中式流通交易，实现产地蔬菜的快速运销，发挥着促进农产品集散、保障城市供给以及农产品价格形成的重要功能[1]。根据功能不同，又可以将批发市场大体划分为产地批发市场、集散地批发市场和销地批发市场。产地批发市场主要分布在村镇或区县，是蔬菜流通进城的第一环，直接决定着农民的收益状况。集散地批发市场分布在主产区内，并辐射周边相当区域乃至全国蔬菜流通交易，如山东寿光等地建设的大型综合型农产品批发市场，对山东省乃至全国蔬菜流通都发挥着重要作用。销地批发市场主要分布在大中城市，是大中城市蔬菜流通和消费的重要枢纽与保障，如北京新发地农产品批发市场承担着北京市约70%的蔬菜流通保障任务。

二、“农超对接”渠道

尽管批发市场流通批量大、效率高，但在流通中环节过多，损耗也较大。为了减少流通环节，提高对接效率，商务部、农业部组织开展了“农超对接”试点并逐步推广，在发展中还出现了“农校对接”“农企对接”等多种形式。

“农超对接”引导和推动大型连锁超市绕过批发等环节，直接与农民合作社、专业大户等新型农业经营主体对接，签订长期合作关系，形成稳定的供应渠道，从而有效削减供应链低效冗余的中间环节，实现多方主体利益共赢[2]。“农超对接”是在农业适度规模化经营的基础上发展起来的新型流通模式，其产生发展体现了蔬菜生产经营主体和组织形式的结构变化，符合蔬菜市场流通高效率、低损耗、可追溯等多方面的要求。借助大型连锁超市等主体在冷链物流、设施装备、信息管理等方面的优势，可以显著提高蔬菜流通技术应用水平和科学管理水平，显著降低流通损耗，减少流通成本，促进农民收入增长。根据商务部统计，至2010年年底，“农超对接”试点企业直采农产品金额达211亿元，全国开展“农超对接”的规模以上连锁经营企业已逾800家，与超市对接的合作社已突破1.56万个，成员总数超过100万个。通过“农超对接”，农民合作社流通成本下降20%～30%，销售价格平均提高10%～20%，超市的采购价格下降约10%，实现了农户、消费者、零售商三方共赢。“农校对接”“农企对接”与之相似，均是推动新型经营主体与持续性采购单位以合同方式，构建长期稳定的对接关系，从而达到缩短流程、降低成本、提高效率、促进增收的目的。

三、线上流通渠道

随着信息技术的不断发展和市场流通体系的日益健全，农产品电子商务快速发展。2005年，上海易果电子商务公司成立，标志着国内第一家生鲜电商诞生。此后，生鲜电商不断涌现。特别是2012年之后，京东商城、淘宝网推出农业频道，“顺丰优选”上线，生鲜电商呈现出加速发展的势头，这一年也被称为“生鲜电商元年”。近年来，中粮、我买网纷纷加入，叮咚买菜、美团优选、盒马鲜生等电商平台不断探索创新，涌现出多种经营模式。在生鲜电商中，蔬菜品类占有相当比例，也是较早“触电上网”的产品，线上渠道逐渐成为其流通的重要方式。

线上流通借助网络或移动信息平台进行交易，以自建物流、自提网点或第三方物流等方式进行销售配送[3]，在衔接生产和流通配送等方面与传统流通渠道存在较大差异。在发展过程中，各类电商、连锁超市、快递企业纷纷探索线上流通，借助各自的资源和优势，布局生鲜业务，产生了多种流通方式。笔者根据主体类型、管理方式和物流配送等差别，大体将生鲜电商划分为垂直型、平台型、融合型等类型。垂直型生鲜电商，如创建初期的易果生鲜、沱沱工社等，大多采取一体化经营模式，与优质生产基地开展合作或建设自有基地，构建长期稳定渠道，建立自身配送队伍，积极整合生产、加工、物流、配送各环节。平台型生鲜电商，如京东生鲜等，拥有大量第三方卖家，其物流配送由卖家决定。同时，京东还建立了自己的物流体系，打造以自建物流为主、第三方物流为辅的配送模式。融合型本身也包括多种形式，有顺丰优选等物流企业跨界融合形式，借助其庞大的物流网络，开展生鲜产品采购与配送；有盒马鲜生等线上向线下融合形式，在大都市商圈开设线下门店，设置前端消费区和后端仓储配送区，兼具购物、体验、餐饮、物流和粉丝运营等功能，场景式销售蔬菜等产品；有物美、永辉等连锁超市线下向线上融合形式，依托密布的零售网点和庞大的消费群体，通过网络或App进行线上销售，采取快递配送、到店自取等多种方式完成售卖，有效打破时空限制，减少线下等待时间，提高流通效率。

第三节　我国蔬菜市场流通中存在的问题

尽管近年来我国蔬菜市场流通体系逐步健全，流通条件显著改善，流通效率有所提高，但依然存在流通环节过多、冷链物流发展相对滞后、市场体系建设仍有不足、信息服务水平不高等问题。

一、蔬菜市场流通链条过长，流通成本居高不下

从流通渠道看，传统批发市场流通仍是我国蔬菜流通的主要方式，蔬菜销售仍以田间地头交易为主，由经纪人到田头收购，再在批发市场转手交易给批发商，经批发商销往各地零售市场，最后销售给消费者，流经多个环节，链条冗长。流通中，各环节层层加价，导致蔬菜流通成本过高，销售价格居高不下。以寿光销往北京新发地的蔬菜为例，寿光蔬菜经过收购、包装、运输、装卸等环节到达北京新发地零售时，销售价格已增长一倍左右，其中，流通成本占到成本的60%左右，中间流通成本过高[4]。

二、冷链物流发展相对滞后，运输途中损耗严重

蔬菜易腐难存的自然属性对运输、储存环节提出了较高要求。据统计，2020 年我国蔬菜流通中的损耗率超过 20%，依此测算，每年损失蔬菜近 1.5 亿吨。尽管近年来我国加强了冷链仓储保鲜设施建设，但由于起步较晚，基础设施建设明显不足，发展相对滞后，使得蔬菜在流通过程中出现品质下降、大量腐坏的情况。根据《中国冷链物流发展报告》数据，2020 年我国冷库总量达到 7 080 万吨，与需求总量 2.3 亿吨相差较大，人均冷库容量仅为美国的四分之一。2020 年，我国果蔬冷链流通率为 35%，远低于发达国家 90%以上的冷链流通率，蔬菜在冷链运输方面仍存在短板。特别是产地田头冷链保鲜设施缺乏，流通“最先一公里”问题较为突出。

三、市场体系建设仍有不足，产地市场建设存在短板

尽管我国蔬菜市场流通体系不断健全，但在建设中存在着“重城市、轻农村”与“重销地、轻产地”的问题，产地市场建设投入相对不足，数量相对较少，功能较为单一，市场设施简陋，特别是产地冷藏保鲜、分拣分级、初加工设施装备和技术应用滞后，成为市场流通的短板。根据《“十四五”全国农产品产地市场体系发展规划》，我国农产品产后平均损失率是发达国家的 3～5 倍，产地市场冷藏保鲜和商品化处理设施严重不足。此外，农产品批发市场在监督管理、信息服务、加工配送等方面距离现代流通发展的要求仍有一定差距。

四、信息监测与服务能力不足，难以有效指导市场

我国蔬菜生产以分散小农户为主，农民合作社发展仍然不足，带动能力较弱，小农户对接大市场流通环节多，增加了信息采集、分析和处理的难度。由于产销分隔，农户难以及时获取蔬菜种植品种、面积、分布、上市时节等市场信息，流通中存在着严重的信息不充分、不对称等问题。尽管近年来政府加强了蔬菜等农产品市场信息监测体系建设，但在监测的品种范围、频率周期、数据精度等方面仍需改进，信息服务的及时性、有效性尚存不足，对农业生产的指导作用还有较大提升空间。

第四节 蔬菜市场流通的相关政策建议

基于上述分析，解决蔬菜市场流通中存在的问题，关键是要解决小农户对接大市场的矛盾。通过优化流通渠道，促进产销对接，有效减少流通环节，降低流通成本。通过冷链物流建设，降低流通损耗。加强产地市场建设，强化市场信息监测，提高市场流通效率。

一、优化蔬菜流通渠道，促进产销对接

针对流通中存在的流通链条过长、流通成本过高等问题，应当进一步完善蔬菜流通体系，减少流通过程中不必要的环节，降低流通成本[5]。一是创新蔬菜流通渠道。鼓励“农超对接”“农企对接”等新型流通渠道的发展，促进“互联网＋”等现代技术在蔬菜流通中的应用，缩短流通环节，避免层层加价，缩减流通成本。二是鼓励适度规模种植发展。分散小农户生产是造成蔬菜流通环节多、成本高的重要原因，种植规模过小使得农户参与市场流通在规模上不经济。部分学者发现，农户种植规模越大，越倾向于参与超市、电商流通[6]。应进一步加大对适度规模经营农户的支持，以推动流通渠道多元化发展。三是大力发展合作经济组织。提升合作经济组织在农产品流通中的服务水平是解决我国“小农户”与“大市场”矛盾的关键[7]。应充分发挥农民合作社的联结带动作用，提高其经营管理和流通服务能力，促进合作社等经济组织与电商平台、连锁超市有效对接，形成长期稳定的合作关系，以带动农村经济发展和促进农民增收。

二、加快冷链物流建设，提高流通效率

由于冷链物流建设的不足，蔬菜在流通途中损耗较大，需要加快推动我国冷链物流建设，进一步促进蔬菜顺畅流通，减少在途损耗。一是要增加冷链基础设施建设投入。加强产地农产品仓储保鲜冷链物流设施建设，加大对相关设施与装备建设的支持力度，加快推动冷链物流发展。二是要提高冷链物流设施利用效率。在加强建设的同时，注意适用性、经济性冷藏保鲜设施的研发和推广，着力开发可兼用于多种蔬果产品的设施装备，对相关设施用电、用地给予一定优惠措施，降低设施使用成本，提高设施利用效率。三是落实鲜活农产品运输“绿色通道”政策。指导和督促各地严格执行“绿色通道”政策，切实保障蔬菜等鲜活农产品运输通畅[8]。

三、优化蔬菜市场流通体系，加强产地市场建设

应支持田头市场建设，加快补齐产地市场建设短板，提升城市市场流通能力，健全优化农产品市场流通体系。一是加强产地市场建设。加大产地市场建设投入，特别是市场冷藏保鲜、商品化处理等设施建设，带动发展产地蔬菜加工产业，将加工收益留在产地、造福农民。二是提升城市流通服务能力。适应现代流通要求，强化大中城市农产品批发市场监测、质量检测、电子交易、物流配送等功能。规划布局应急中转场站，建立应急分销渠道，提高保供能力。三是完善供应链体系。实施“互联网＋”农产品出村进城工程，畅通蔬菜出村“最先一公里”和进城“最后一公里”，不断拓展蔬菜流通渠道，建立稳定高效

的供应链体系。

四、提升信息监测能力，有效指导生产

针对蔬菜市场信息监测预警能力不足、对生产指导作用不强等问题，应进一步完善蔬菜等农产品的市场信息监测体系，强化市场信息监测、分析和预警，及时发布信息，引导产业发展。一是加强市场监测预警体系建设。建立涉及农业、气象、发改、商务等多部门，联动产销两地的信息共享和会商研判机制，持续加强市场监测预警队伍建设[9]。二是不断提高市场监测预警能力。构建涵盖田头、批发、零售各环节，涉及生产、加工、流通、消费、贸易、价格等方面的监测指标体系，加强信息监测的全面性、系统性和规范化。进一步拓展市场监测范围，扩大监测品种范围，及时涵盖新型流通渠道，做到监测无死角、分析更科学。三是主动开展市场信息服务。借助报纸、广播、电视、网络以及新媒体等多种方式，主动、及时发布蔬菜市场信息，将市场供需变化、价格预期以及产业政策等有效准确地传递给农民，指导农民科学安排生产，发挥好信息服务的“指南针”和“风向标”作用。

参考文献

[1] 章胜勇，时润哲，于爱芝．农业供给侧改革背景下农产品批发市场的功能优化分析［J］．北京工商大学学报（社会科学版），2016，31（6）：10-16.

[2] 李莹，杨伟民，张侃，等．农民专业合作社参与“农超对接”的影响因素分析［J］．农业技术经济，2011，(5)：65-71.

[3] 徐国虎，孙凌，许芳．基于大数据的线上线下电商用户数据挖掘研究［J］．中南民族大学学报（自然科学版），2013，32（2）：100-105.

[4] 刘宣诚．基于个体经营户视角的寿光蔬菜物流成本问题研究［D］．北京：北京林业大学，2020.

[5] 沈辰，熊露，韩书庆，等．我国果菜类蔬菜生产与流通形势分析［J］．中国蔬菜，2017（9）：7-11.

[6] 穆月英，赖继惠．生计资本框架下农户蔬菜流通渠道及影响因素［J］．农林经济管理学报，2021，20（4）：429-437.

[7] 赵晓飞，田野，潘泽江．农产品流通领域农民合作组织发展的动因与路径选择［J］．农业现代化研究，2014，35（6）：721-726.

[8] 郭俊敏．论农产品流通效率及其提升［J］．农业经济，2021（10）：116-118.

[9] 王新武，靳佩芸．农产品市场风险预警管理情况阐述［J］．黑龙江粮食，2022（4）：51-53.

第五章

农户蔬菜市场流通渠道选择研究

流通是农产品价格形成和价值实现的关键，是农业再生产的重要一环，既关系到农民的收入生计，也关系到居民的消费生活。尽管近年来我国蔬菜市场流通渠道日益多元，为农民参与流通提供了更多选择，但流通环节多、成本高，农民在流通中处于弱势地位，难以获得价值链增值的合理收益，却承担着较大风险。农户是蔬菜市场流通的重要参与者，如何推动农户融入现代流通体系，实现分散小生产与大市场的有效对接，是亟须解决的重要课题。笔者从农户视角出发，利用调研收集的数据信息，运用因子分析和多元离散选择模型进行定量分析，分析农户参与蔬菜市场流通的选择行为和影响因素。

第一节　农户市场流通渠道选择的研究进展

改革开放以来，我国蔬菜流通渠道日趋多元，主体类型不断增加。20 世纪 80 年代，“分散生产，就地销售”的传统集市交易迅速恢复[1]，农贸市场流通成为菜农最初的渠道选择。随着市场的建设发展，跨区域、多层级的批发市场流通得以发展，并逐渐占据主导地位[2]。批发市场流通打破了蔬菜产销的时空限制，扩大了市场规模，带动了生产发展，但环节过多、成本过高、农民利益得不到保障等问题突出。为此，商务部、农业部组织开展了“农超对接”试点，引导超市与农民专业合作社直接对接，“农超对接”“农校对接”“农企对接”等流通渠道不断发展。同时，随着信息技术的快速发展，市民对便捷、安全消费的要求提高，生鲜电商萌芽发展，并衍生出 B2C、C2C、O2O 等多种模式[3]。

蔬菜流通的发展为农户提供了更多渠道选择，而农户选择何种渠道则受到多种因素的影响。杨向阳等（2017）对江苏农户的调查发现，价格水平是影响农户蔬菜销售方式的重要因素[4]。李莹等（2011）、施晟（2012）、王志刚等（2013）研究发现，与传统批发市场流通相比，“农超对接”减少了环节、降低了成本，农户可获得更高收益[5][6][7]。但现实中，“农超对接”、生鲜电商等新渠道发展的广度和深度明显不足，通过经纪人、批发市场仍是蔬菜流通的主渠道。究其原因，与农户的生产规模及管理水平和超市、电商的需求不匹配密切相关。乔颖丽等（2014）调研发现，大型超市或企业从小农户手中采购蔬菜的交易成本较高，制约了“农超对接”“农企对接”的发展[8]。郭锦墉等（2007）对江西省蔬菜种植户的调查表明，生产经营规模较大的农户愿意选择合作组织、企业销售[9]。研究还发现，市场、交通等外部环境同样影响农户的渠道选择。杨向阳等（2017）利用 Logit 模型分析发现，交通距离、运输难度对农户蔬菜销售方式选择影响突出。盛洁等（2019）基于山东、河北两省调研，运用 Probit 模型，发现现代通信手段将促使农户更多通过中间商、合作社进行蔬菜销售[10]。此外，桑乃泉（2004）研究发现农户种植年限、文化程度等个体因素对渠道选择也有着重要影响[11]。

综上所述，学者针对农户流通渠道选择开展了深入调研和实证分析，运用选择模型等定量方法，讨论了多种因素对农户行为的影响。但现有研究所讨论的各因素之间普遍存在较强的相关性，容易导致模型估计的较大偏误，大多关注某个或某些因素对渠道选择的影响，对各因素的概括抽象和综合归纳不足，一定程度上也影响到结论实用性。基于此，本文借鉴 SCP（结构—行为—绩效）分析范式，在构建理论框架的基础上，运用因子分析，通过降维得到影响渠道选择的综合因子，进而分析各因子对渠道选择的影响，以期能够获得较为综合简明的结论。

第二节 农户市场流通渠道选择的理论分析与模型构建

研究运用产业经济学 SCP 分析范式，刻画农户渠道选择，结合交易成本理论，构建本文的逻辑框架体系。

一、市场流通渠道选择的理论框架

SCP 分析针对技术、政策、偏好等外部变化，基于市场竞争程度、产品差异、进入壁垒等结构特征，分析渠道选择、营销定价、纵向整合等行为及可能绩效，系统研究行为选择与外部环境、市场特征、经营绩效的逻辑关系，为行为分析提供理论与方法依据。对于农户流通渠道的选择，许多学者运用交易成本理论，讨论交易成本及相关因素对农户选择的影响，相关因素包括交易主体、客体、环境等。

研究基于 SCP 分析范式，结合交易成本理论，分析外部环境、市场结构、自身特征等对效益收益及交易成本的可能影响，将农户流通渠道选择视为其比较收益成本从而做出决策的过程。农户流通收益可能来自销售收入的增加，也可能来自市场风险的降低，或是流通损耗的减少；交易成本则包括搜寻、谈判、物流以及损失成本等。现实中，蔬菜生产以家庭经营为主，产销主体数量众多，市场自由进出，接近完全竞争，很难有效测度市场份额、集中度等结构特征指标。由于流通“大环境”相似，农户流通成本收益更多取决于当地市场、交通条件和个体情况。因此，本文从农户流通的外部环境和自身特征出发，归纳各种因素及其对成本收益的影响，进而讨论选择行为（图 5 - 1）。

从外部环境看，市场建设、交通条件、组织发展、政策环境、公共服务等对流通收益成本均有影响。市场提供了流通场所和条件，其辐射带动作用越强，农户达成交易的搜寻成本越低。良好的交通运输条件可以大大方便流通，并可能因流通时间缩短而减少损失。专业合作社的发展为农户参与流通提供了更多选择，可以改善农户在流通交易中的弱势地位，提高收益。政策环境也是影响农户渠道选择的重要因素，近年来，各地不断推出蔬菜设施保险、价格保险，对降低经营风险、促进增收发挥了积极作用。技能培训、信息发布等公共服务也关系到农户的管理能力和经营水平，从而影响经营收益和搜寻成本。

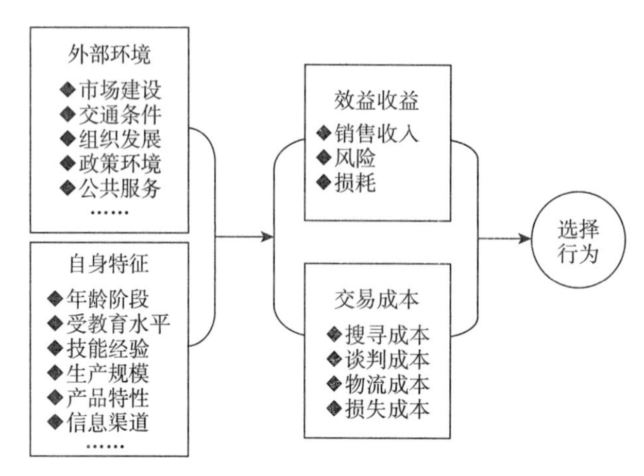

图 5-1　农户流通渠道选择的理论分析框架

从自身特征看，影响因素包括年龄、受教育水平、技能经验、生产规模、产品特性、信息渠道等。年龄与体能精力、管理经验相关，随着年龄增长，体能精力下降，经验增加，将影响农户渠道选择的机会成本和效率收益。受教育水平反映着学习能力和技能水平，与流通效率、收益密切关联。生产规模不同，农户的持续供给能力、面临的市场风险存在差异，从而影响达成交易的搜寻、谈判成本。种植品种稀缺、价值高，农户面临的可能损失较高，则参与流通的机会成本相对较低。信息渠道的多寡，直接关系到农户的搜寻成本、决策行为和市场风险的高低。

二、农户市场流通渠道选择模型的构建

综合应用因子分析和多元离散选择模型，分析农户渠道选择的影响因素。

1. 因子分析　根据所构建的理论框架，结合调查获取的数据信息，从外部条件、自身特征、流通绩效 3 个方面选择 14 个变量进行分析，相关变量及其具体含义见表 5-1。

表 5-1　模型选择变量及含义

变量		含义	取值
外部环境	市场建设	所在乡镇是否建有批发市场	是=1；否=0
	合作社发展	所在村是否有专业合作社	是=1；否=0
	技能培训	农户参加技术培训的次数	具体次数
	蔬菜相关保险供给	所在县（区）是否有蔬菜设施或价格保险	是=1；否=0
自身特征	年龄	受访者年龄	具体年龄
	种植年限	受访者从事蔬菜种植年限	具体年限
	受教育水平	受访者文化程度	小学以下=1；小学=2；初中=3；高中=4；大专及以上=5

（续）

变量		含义	取值
	信息渠道数量	获取技术、信息的渠道数量	根据农户多项选择统计得出
	运输工具情况	是否拥有机动车辆	是=1；否=0
	蔬菜种植面积	蔬菜的种植面积	具体亩数
	家庭劳动力数量	家庭从事蔬菜生产的劳动力数量	具体人数
	种植品种	种植的蔬菜是否为特色品种	是=1；否=0
流通绩效	相对价格	蔬菜售价与所在区县该品种蔬菜价格均值之比	按品种计算
	滞销情况	是否存在滞销现象	是=1；否=0

因子分析将所考察的多个变量综合为有限的公共因子，因子与相关变量的关系可由式（5-1）、式（5-2）表示。

$$X = A \cdot F + \varepsilon \tag{5-1}$$

$$\begin{cases} X_1 = a_{11} \cdot F_1 + a_{12} \cdot F_2 + \cdots + a_{1m} \cdot F_m + \varepsilon_1 \\ X_2 = a_{21} \cdot F_1 + a_{22} \cdot F_2 + \cdots + a_{2m} \cdot F_m + \varepsilon_2 \\ \cdots \\ X_p = a_{p1} \cdot F_1 + a_{p2} \cdot F_2 + \cdots + a_{pm} \cdot F_m + \varepsilon_p \end{cases} \tag{5-2}$$

式（5-1）、式（5-2）中，$X=(X_1,X_2,\cdots,X_P)'$ 表示所选择的 14 个变量；$F=(F_1,F_2,\cdots,F_m)'$ 表示所提取的公共因子，$\varepsilon=(\varepsilon_1,\varepsilon_2,\cdots,\varepsilon_P)'$ 表示其他未知因素。

$$A = \begin{bmatrix} a_{11} & a_{12} & \cdots & a_{1m} \\ a_{21} & a_{22} & \cdots & a_{2m} \\ \vdots & \vdots & \ddots & \vdots \\ a_{p1} & a_{p2} & \cdots & a_{pm} \end{bmatrix}$$ 被称为因子载荷矩阵，a_{ij} 为因子载荷。

原变量 X 与因子 F 的关系由因子载荷矩阵体现。分析时，选择主成分方法，求解因子载荷矩阵。

2. 多元离散选择模型　借助多元离散选择模型（Multinomial Logistic Model）分析各因子对渠道选择的影响，该模型常用于分析多种无顺序、无程度差异的行为选择。构建时需要明确某一渠道（选择）作为参照，其他渠道与参照渠道进行对比分析。当存在 i 种渠道时，将产生 $i-1$ 个方程，每个方程都是考察渠道与参照渠道的 Logistic 回归。模型形式可由式（5-3）表示。

$$\ln\left(\frac{P_i}{P_0}\right) = \beta_{0i} + \beta_{1i} \cdot x_1 + \beta_{2i} \cdot x_2 + \cdots + \beta_{mi} \cdot x_m + \varepsilon_i \text{ , } i = 1、2、3 \tag{5-3}$$

式（5-3）中，P_i 表示农户选择渠道 i 的概率，P_0 表示农户选择参照渠道的概率，x_1、x_2、…、x_m 为因子分析所提取各项因子，β_{1i}、β_{2i}、…、β_{mi} 为选择渠道 i 时所提取各项因子的回归系数。

参考龙文军、王慧敏（2014）[12]的分析，结合调查实际，将农户流通渠道分为“农户+经纪人”“农户+农贸市场”“农户+批发市场”以及“农户+合作社（超市、电商）”4 种类型。在“农户+经纪人”渠道中，农户在田头将蔬菜直接销售给经纪人，自身不参与流通。在“农户+农贸市场”渠道中，农户就近贩运蔬菜至当地农贸市场，主要通过零售方式销售。在“农户＋批发市场”渠道中，农户将蔬菜运输到批发市场，主要以批发方式销售。在“农户＋合作社（超市、电商）”渠道中，农户或通过合作社流通，或直接对接超市、电商平台。笔者选择以“农户＋经纪人”作为参照渠道，选择该渠道的概率用 P_0 表示，选择“农户＋农贸市场”“农户＋批发市场”“农户＋合作社（超市、电商）”渠道的概率分别用 P_1 、P_2 、P_3 表示。对于方程回归系数，采用极大似然方法进行估计。

第三节　农户蔬菜市场流通渠道选择的实证分析

在构建理论模型的基础上，笔者利用在多地实地调查的数据，综合运用因子分析和选择模型方法，实证分析农户蔬菜市场流通渠道选择行为。

一、数据来源与处理

所用数据为2019年笔者在北京、河北、山东、辽宁4省市的实地调查数据。调查采用分层随机抽样方法，收集了北京的大兴区、顺义区、密云区、延庆区，山东的寿光市和青州市，河北的固安县和高邑县，辽宁的凌源市和海城市10个县（区、市）、29个乡镇的439个农户样本，相关农户专业生产番茄、黄瓜、辣椒、茄子等果类蔬菜。调查内容主要包括农户基本特征、蔬菜生产与流通情况等，最终从调查样本中筛选出有效问卷317份进行分析。

从区域分布看，北京、辽宁、河北、山东的样本分别占29.7%、32.2%、14.2%和24.0%。选择“农户＋经纪人”“农户＋批发市场”流通的占有相当比例；选择“农户＋农贸市场”“农户＋合作社（超市、电商）”流通的占比较少。受访者平均年龄超过50岁，蔬菜种植的平均年限接近20年，表明蔬菜生产专业性较强、劳动力老龄化严重。受访者受教育程度普遍较低，初中及以下的占比超过80%；当年参加技能培训的次数平均为4.77次；信息渠道相对较少，平均为2.23个。所调查农户均为小农户，蔬菜平均种植面积为6.52亩，最大种植面积为23亩，家庭中从事蔬菜种植的劳动力平均为2.59人。种植特色蔬菜的农户占比较低，不足10%。近7成农户所在乡镇建有批发市场，超4成所在村有专业合作社，大多数农户家中拥有机动车辆①，表明所调查地区市场建设较为健全，专业合作组织有一定发展，农户拥有较强运销能力。所调查县（区）多数都有蔬菜设施保险、价格保险，超过3成农户表示近年来出现过滞销的情况，表明蔬菜生产经营仍面临较大风险（表5-2）。

表5-2　调查样本的基本情况

指标	解释	样本数（个）/占比（%）	平均值
渠道选择	农户＋经纪人	154/48.6	—
	农户＋农贸市场	19/6.0	—
	农户＋批发市场	126/39.7	—
	农户＋合作社（超市、电商）	18/5.7	—

① 农户拥有的机动车辆主要为机动三轮车。

（续）

指标	解释	样本数（个）/占比（%）	平均值
市场建设	所在乡镇建有批发市场	219/69.1	—
合作社发展	所在村有专业合作社	142/44.8	—
技能培训	参加技能培训次数（次）	—	4.77
蔬菜相关保险供给	所在县（区）有蔬菜相关保险	265/83.6	—
受访者年龄	受访者年龄	—	53.29
种植年限	从事蔬菜种植的年限（年）	—	19.48
受教育水平	小学以下	7/2.2	—
	小学	54/17.0	—
	初中	206/65.0	—
	高中	45/14.2	—
	大专及以上	5/1.6	—
信息渠道数量	受访者获取信息渠道数量（个）	—	2.23
运输工具情况	拥有机动车辆	295/93.1	—
蔬菜种植面积	家庭种植蔬菜面积（亩）	—	6.52
家庭劳动力数量	从事蔬菜生产的劳动力数量（人）	—	2.59
种植品种	种植蔬菜为特色品种	19/6.0	—
滞销情况	近年存在滞销现象	97/30.6	—

二、模型实证结果与分析

运用因子分析，提取公共因子，再利用多元离散选择模型，分析各因子对渠道选择的影响，具体结果与分析如下：

1. 因子分析结果　首先对数据进行标准化处理，然后运用主成分方法计算因子载荷矩阵，并根据变量协方差特征根选取公共因子①。共提取到 7 项公共因子，方差贡献合计为 69.7%，所提取公共因子包含了原变量近 7 成信息，可较好代替原变量。之后，采用正交方法进行因子旋转，使公共因子具有更加明确的含义，因子旋转后各因子不再线性相关。根据因子与各变量的关系，将旋转后的公共因子分别定义为年龄特征因子、流通条件因子、价格品种因子、技能经验因子、风险水平因子、保障手段因子、经营规模因子（表 5 - 3）。

表 5 - 3　变量的因子分析结果

变量	年龄特征	流通条件	价格品种	技能经验	风险水平	保障手段	经营规模
市场建设	0.00	0.81*	0.07	−0.07	−0.14	0.09	−0.19
合作社发展	0.05	0.07	−0.14	0.07	0.67*	−0.15	−0.31

① 选取准则为公共因子对应特征根大于 1。

（续）

变量	年龄特征	流通条件	价格品种	技能经验	风险水平	保障手段	经营规模
技能培训	−0.04	0.00	0.07	0.83*	0.08	−0.04	−0.02
蔬菜相关保险供给	0.12	−0.42	0.03	0.22	0.22	−0.61*	−0.11
年龄	0.81*	−0.14	−0.13	0.19	−0.03	−0.02	0.01
种植年限	0.53*	0.13	−0.05	0.58*	−0.17	0.20	0.08
受教育水平	−0.72*	−0.02	−0.04	0.36	−0.14	0.12	0.00
信息渠道数量	0.00	−0.12	−0.04	0.12	0.15	0.85*	−0.09
运输工具情况	−0.06	0.76*	0.03	0.16	0.21	−0.10	0.17
蔬菜种植面积	−0.44	0.00	−0.09	−0.19	−0.02	0.02	0.62*
家庭劳动力数量	0.17	−0.01	−0.03	0.10	−0.05	−0.04	0.77*
种植品种	−0.07	0.11	0.81*	0.18	−0.07	−0.02	−0.11
相对价格	−0.01	−0.01	0.84*	−0.10	0.10	−0.03	0.02
滞销情况	−0.01	−0.04	0.15	−0.04	0.81*	0.18	0.14
特征值	1.70	1.48	1.44	1.39	1.33	1.22	1.20
贡献度	12.18	10.54	10.30	9.90	9.50	8.70	8.57
累计贡献率（%）	12.18	22.71	33.01	42.91	52.41	61.12	69.68

注：表中*标记的系数，表示因子载荷大于0.5，相关变量对相应的因子有着重要影响。

年龄特征因子主要与年龄、种植年限正相关，与受教育水平负相关。从样本情况看，受访者年龄越大，其从事蔬菜种植的年限越长，受教育水平越低①，三者存在较强的相关性，以年龄特征加以概括。流通条件因子主要与市场建设和运输工具情况相关，反映了农户参与流通的设施与装备等物质条件，本地建有批发市场、拥有运输车辆的农户流通条件好，因子得分较高。价格品种因子主要与相对价格、种植品种相关，从调查情况看，特色蔬菜销售价格显著高于普通品种，该因子很大程度上反映着流通渠道的收益状况。技能经验因子主要与受访者技能培训及种植年限相关，反映了农户技术服务的可获性和种植经验情况，参与培训较多、种植经验丰富的农户因子得分更高。风险水平因子主要与产品滞销以及合作社发展情况相关，反映了农户面临的市场风险及参与合作的可能。调查发现，农户面临的滞销风险与当地合作社发展密切关联，滞销风险越大，合作需求越强烈，专业合作社越发展②，因而将因子概括为风险水平因子。保障手段因子主要与信息渠道数量、蔬菜相关保险供给相关，两者均是降低市场风险、保障农户收益的重要手段。需要指出的是，信息渠道数量、蔬菜保险供给对因子的影响方向相反，若农户单纯依靠信息手段获得

① 样本中，40岁及以下的受访者蔬菜平均种植年限为9.4年，教育水平为小学及以下的占比为6.7%；41～60岁的受访者平均种植年限为19.6年，教育水平为小学及以下的占比为12.9%；61岁及以上的受访者平均种植年限为23.7年，教育水平为小学及以下的占比为46.0%。

② 调查发现，出现滞销的农户，其村中有专业合作社的比例超过60%；未出现滞销的农户，其村中有专业合作社的比例则低于40%。

保障，因子得分高；单纯依靠保险，因子得分低。经营规模因子主要与蔬菜种植面积、家庭劳动力数量相关，种植面积、家庭劳动力数量越大，因子得分越高。

同时，利用KMO检验和Bartlett球形度检验，检验因子分析是否合适。所得KMO统计量为0.51，Bartlett球形度检验的卡方统计量为491.7，伴随概率接近0，表明采用因子分析是合适的。

2. 多元离散选择模型估计结果　基于所提取的公共因子，计算因子得分，并按照式（5－3）所构建方程，采用极大似然估计得到回归系数和相关方程，结果由Eviews 8.0运算得出。借助极大似然比检验，检验回归模型的总体显著性（表5－4）。从检验结果看，包含各因子后，极大似然值由665.08降至517.87，似然值卡方检验的P值接近0，表明因子的总体影响在统计上是显著的。对各因子的似然值检验表明，年龄特征、流通条件、价格品种、风险水平因子对渠道选择的影响在5%的显著性水平下显著，而技能经验、保障手段、经营规模因子的影响在统计上不显著（表5－5）。对于不同渠道选择而言，各因子影响的显著性又存在差异。

表5－4　模型极大似然比检验结果

模型形式	模型适用准则	似然比检验		
	2阶极大似然值	卡方统计量	自由度	显著性
仅含截距项	665.08	—	—	—
含有各因子	517.87	147.20	21.00	0.00

表5－5　各因子的极大似然比检验结果

变量	符号	模型适用准则	似然比检验		
		2阶极大似然值	卡方统计量	自由度	显著性
截距	—	692.03	174.16	3.00	0.00
年龄特征因子	x_1	534.45	16.58	3.00	0.00
流通条件因子	x_2	602.59	84.72	3.00	0.00
价格品种因子	x_3	526.59	8.71	3.00	0.03
技能经验因子	x_4	522.43	4.56	3.00	0.21
风险水平因子	x_5	532.62	14.74	3.00	0.00
保障手段因子	x_6	523.64	5.76	3.00	0.12
经营规模因子	x_7	522.89	5.02	3.00	0.17

各方程回归结果由式（5－4）、式（5－5）、式（5－6）表示，回归方程系数及相关统计量、显著性检验结果见表5－6。

$$\ln\left(\frac{P_1}{P_0}\right)=-2.45+0.42\cdot x_1+0.57\cdot x_2-0.48\cdot x_3+0.39\cdot x_4+0.76\cdot x_5+0.38\cdot x_6-0.49\cdot x_7 \tag{5-4}$$

$$\ln\left(\frac{P_2}{P_0}\right)=-0.46+0.40\cdot x_1+1.68\cdot x_2-0.16\cdot x_3+0.03\cdot x_4+0.22\cdot x_5+0.14\cdot x_6-0.21\cdot x_7 \tag{5-5}$$

$$\ln\left(\frac{P_3}{P_0}\right)=-2.83+1.06\cdot x_1+1.01\cdot x_2+0.39\cdot x_3+0.31\cdot x_4-0.52\cdot x_5-0.44\cdot x_6-0.36\cdot x_7 \tag{5-6}$$

表 5-6　多元选择模型估计结果

渠道		β	标准误	Wald 统计量	显著性
农户＋农贸市场	截距	−2.45	0.35	50.51	0.00
	年龄特征因子	0.42	0.27	2.36	0.12
	流通条件因子	0.57*	0.32	3.27	0.07
	价格品种因子	−0.48	0.43	1.28	0.26
	技能经验因子	0.39*	0.20	3.67	0.06
	风险水平因子	0.76***	0.26	8.63	0.00
	保障手段因子	0.38	0.25	2.27	0.13
	经营规模因子	−0.49*	0.28	3.02	0.08
农户＋批发市场	截距	−0.46	0.17	7.81	0.01
	年龄特征因子	0.40**	0.15	7.42	0.01
	流通条件因子	1.68***	0.26	42.81	0.00
	价格品种因子	−0.16	0.15	1.18	0.28
	技能经验因子	0.03	0.16	0.05	0.83
	风险水平因子	0.22	0.15	2.22	0.14
	保障手段因子	0.14	0.14	0.98	0.32
	经营规模因子	−0.21	0.15	2.01	0.16
农户＋合作社（超市、电商）	截距	−2.83	0.41	47.61	0.00
	年龄特征因子	1.06***	0.32	10.72	0.00
	流通条件因子	1.01**	0.46	4.77	0.03
	价格品种因子	0.39**	0.18	4.83	0.03
	技能经验因子	0.31	0.24	1.63	0.20
	风险水平因子	−0.52	0.33	2.41	0.12
	保障手段因子	−0.44	0.33	1.78	0.18
	经营规模因子	−0.36	0.30	1.43	0.23

注：参照渠道为“农户＋农贸市场”，表中＊、＊＊、＊＊＊分别表示在10%、5%、1%的显著性水平下显著的因子。

式（5-4）为农贸市场流通选择与各因子的回归结果，相对于参照渠道（“农户＋经纪人”）而言[①]，农户选择农贸市场流通主要受到流通条件、技能经验、风险水平、经营规

① 各因子对选择批发市场、合作社（超市、电商）流通的影响同样相对于参照渠道而言，下文不再赘述。

模因子影响。其中，风险水平对该渠道选择影响最强，农户所面临的市场风险越高，将越倾向于农贸市场流通。流通条件、技能经验对农户选择农贸市场流通具有显著正向影响，经营规模对选择农贸市场流通具有显著负向影响，农户经营规模较小将更倾向于选择农贸市场流通。此外，年龄特征、保障手段对选择农贸市场流通表现为正向影响，价格品种对选择农贸市场流通表现为负向影响，但上述三个因子对农贸市场流通选择的影响在统计上均不显著。

式（5－5）为批发市场流通选择与各因子的回归结果，对比发现，各因子对批发市场流通选择的影响与对农贸市场流通选择的影响方向完全相同，但程度有所差异。所有因子中，仅流通条件、年龄特征因子对农户选择批发市场流通具有显著影响。结果表明，流通条件较好的农户将倾向于通过批发市场流通，市场流通条件改善对批发市场流通同样具有积极作用。年龄特征对农户选择批发市场流通的影响或与渠道信息及经验积累有关，年龄较大、经验较为丰富的农户更熟悉流通渠道和市场运行规律，在批发市场流通中也将更具优势。

式（5－6）为合作社（超市、电商）流通选择与各因子的回归结果，农户选择合作社（超市、电商）流通主要受年龄特征、流通条件、价格品种因子的影响，且均表现为正向影响。所得结果印证了其他学者的观点，即价格收益是农户选择合作社（超市、电商）流通的重要因素。年龄特征、流通条件对合作社（超市、电商）流通选择的影响与对其他渠道影响相似，而风险水平、保障手段对合作社（超市、电商）流通的影响方向与对其他渠道的影响方向相反。结果表明，较低的风险水平对农户选择合作社（超市、电商）流通有促进作用，农业保险的提供也有利于推动农户选择合作社（超市、电商）流通。尽管如此，风险水平、保障手段等对合作社（超市、电商）流通选择的影响不具显著性。

综合各因子影响可以发现，流通条件对各渠道选择均有显著正向影响，表明市场建设与交通条件改善对各种流通方式具有普遍的促进作用，反映出其在流通发展中的基础和关键地位。年龄特征、技能经验对各渠道选择也均表现出正向影响，年龄增加、技能经验积累有利于农户更多地参与流通。经营规模对各渠道选择表现出负向影响，尽管其对选择批发市场流通、合作社（超市、电商）流通的影响在统计上均不显著。从样本看，农户人均蔬菜种植面积随种植规模减小而下降①，一种解释是，人均种植面积较小意味着农户有更多时间和精力从事生产以外的环节，有利于其参与交易流通。与流通条件的影响不同，年龄特征、技能经验、经营规模仅对部分流通渠道选择影响显著。此外，风险水平、保障手段对各渠道选择的影响方向存在差异。面临风险较高，农户将倾向于选择农贸市场、批发市场流通；风险较低，将倾向于选择合作社（超市、电商）流通。信息渠道较多对选择农贸市场、批发市场流通有积极影响，农业保险保障则有利于合作社（超市、电商）流通。尽管如此，风险水平、保障手段对多数流通渠道选择的影响在统计上不显著。

---

① 调查发现，种植蔬菜20亩以上的家庭，人均种植面积约6.5亩；10亩至20亩的家庭人均种植面积约5.8亩；10亩及以下的家庭人均种植面积约2.3亩。

综合各渠道影响可以发现，农贸市场流通选择的影响因素较多，风险、规模、技能对选择都有显著影响，规模小、风险高、长年种植蔬菜的农户将倾向于选择农贸市场流通。批发市场流通选择的影响因素较少，受流通条件的影响较大。可以推断，通过持续改善市场和运输条件，能够在很大程度上推动农户参与批发市场流通。与批发市场流通相比，合作社（超市、电商）流通选择还受到价格品种的显著影响，要促进农户参与相关渠道流通，不仅有赖于流通条件改善，提高溢价也十分重要。

3. 政策建议 根据模型分析结果，结合所得结论，笔者有针对性地提出如下政策建议：

一是加强市场建设。流通条件对农户流通渠道选择有着普遍的显著影响，对农户参与流通具有积极作用，是推动渠道发展的首要和关键。应进一步加强农产品市场，特别是产地市场建设，提升市场功能，完善流通体系，便利农户交易。

二是发展特色种植。优化蔬菜种植结构，发展特色品种生产，对推动农户参与合作社、电商、超市等流通具有积极作用，对于促进产业升级、农民增收具有重要意义。应在供给侧结构性改革中，推动特色蔬菜产业发展，增加优质蔬菜供给。

三是加大技术培训。农户种植技能经验对其渠道选择也有积极作用，应围绕农户技能提升，加强相关技术的应用培训和公共服务，不断提升农民生产经营与参与市场流通的能力，拓展流通渠道。

四是强化风险应对。拓宽信息渠道、加强信息服务对农户参与农贸市场及批发市场流通具有积极意义。农业保险的提供与推广对农户参与合作社、农超对接、电商等新渠道也具有促进作用。应加强市场信息的监测与发布预警，强化信息服务，提高农户的信息搜集、分析和应用能力。推广政策性农业保险，适当扩大保障范围，提高保障水平，不断降低农户的生产与经营风险。

参考文献

[1] 杨丰，王沾湄，周森．广州市蔬菜购销体制改革回顾与展望［J］．南方农村，1998（5）：23-25，32.

[2] 周应恒，卢凌霄，耿献辉．中国蔬菜产地变动与广域流通的展开［J］．中国流通经济，2007（5）：10-13.

[3] 骆毅．我国发展农产品电子商务的若干思考——基于一组多案例的研究［J］．中国流通经济，2012，26（9）：110-116.

[4] 杨向阳，胡迪，张为付，等．农户蔬菜销售方式选择及优化策略［J］．农业经济问题，2017，38（1）：91-99，112.

[5] 李莹，胡定寰，翟印礼．“农超对接”交易价格形成机理探析——基于行为主体间的博弈分析［J］．中国物价，2011（4）：27-30.

[6] 施晟．“农户＋合作社＋超市”模式的合作绩效与剩余分配［D］．杭州：浙江大学，2012.

[7] 王志刚，李腾飞，黄圣男，等．基于 Shapley 值法的农超对接收益分配分析——以北京市绿富隆蔬菜产销合作社为例［J］．中国农村经济，2013（5）：88-96.

[8] 乔颖丽，岳玉平，钱善良．蔬菜种植户销售渠道选择行为影响因素分析——以河北省丰宁县为例［J］．广东农业科学，2014，41（1）：227-231.

[9] 郭锦墉，尹琴，廖小官．农产品营销中影响农户合作伙伴选择的因素分析——基于江西省农户的实证［J］．农业经济问题，2007（1）：86-93.
[10] 盛洁，陆迁，郑少锋．现代通讯技术使用和交易成本对农户市场销售渠道选择的影响［J］．西北农林科技大学学报（社会科学版），2019，19（4）：150-160.
[11] 桑乃泉．我国蔬菜产业组织纵向协调的变化：基于交易成本的分析［J］．中国农业经济评论，2004，2（4）：482-503.
[12] 龙文军，王慧敏．中国生鲜蔬菜流通模式：观察与探讨——基于山东、海南、北京三地的调查［J］．经济研究参考，2014（62）：20-28.

第六章

北京市蔬菜市场流通时空特征分析

在广域流通背景下，蔬菜产地与销地市场密切关联。蔬菜供给具有季节性、地域性特征，市场产地转换表现出一定规律性。笔者以北方居民消费的3种主要大宗蔬菜为对象，通过文献整理、数据分析和市场调研，全面总结北京市蔬菜供需基本形势，分析市场价格与交易量变化特征，探明市场主要供给来源与产地转换规律。

第一节　北京市蔬菜供给基本情况

北京是我国的首都和重要的经济、文化中心，拥有近2 200万人口，是北方重要的蔬菜主销区，确保北京市蔬菜供需均衡和价格平稳运行意义重大。随着城镇化进程的不断深入，近年来，北京市菜田面积不断萎缩，人工成本刚性增长，本埠蔬菜供给不断减少。同时，随着市场流通体系建设的不断健全和交通通信条件的持续改善，蔬菜生产不断向优势产区集中，广域流通格局逐渐形成[1][2][3]，外埠蔬菜在北京市蔬菜总供给中已占有相当比例，北京市与周边产区市场间的相互影响不断加深。全面准确地把握北京蔬菜供给来源、流向、流量和季节，对于分析北京蔬菜价格的形成、准确预测蔬菜价格运行具有重要意义。笔者选择大白菜、黄瓜和番茄3种日常消费的主要蔬菜为对象，全面总结北京及周边省份蔬菜供需格局，发现供给来源流向，归纳流通时空特征，从而为市场分析与调控提供依据。

一、北京本埠生产难以满足需求

近年来，北京经济社会快速发展，耕地、水资源限制愈发显著，生态环境保护的需求与压力日益增强，农业劳动力不断减少，蔬菜种植面积与产量不断下降。据统计，2005—2016年，北京市蔬菜种植面积由132.9万亩降至71.2万亩，累计减少61.7万亩，下降46.4%；产量由423.9万吨降至183.6万吨，累计减少240.3万吨，下降56.7%。其中，大白菜产量由113万吨降至20.4万吨，黄瓜产量由33.7万吨降至17.7万吨，番茄产量也由30万吨以上降至22.3万吨。2016年，北京本地产大白菜人均占有量已不足10千克，约为全国人均占有量的10%；本地产黄瓜人均占有量8.2千克，约为全国人均占有量的20%；本地产番茄人均占有量10.3千克，约为全国人均占有量的25%，远低于同时期全国平均水平。据研究测算，北京蔬菜自给率约为10%，难以满足本埠需求[4][5]。

二、供给多来自周边主产区

尽管北京市蔬菜供给十分有限，但周边河北、辽宁、山东等省均是我国蔬菜重要主产地。具体来看，河北的大白菜、黄瓜产量均位于全国首位，分别达 1 866.5 万吨、1 010.3 万吨，占全国总产量的 17.5%、17.4%，番茄产量位居全国第 2 位，仅次于新疆，为 742.2 万吨，占全国总产量的 13.7%；山东的大白菜、黄瓜、番茄产量略低于河北，产量分别达 1 426.5 万吨、786.5 万吨和 549.2 万吨，分别占全国总产量的 13.4%、13.6%和 10.1%。辽宁也是这 3 种蔬菜重要产地，大白菜、黄瓜和番茄产量分别达 454.4 万吨、484 万吨和 299.9 万吨，分别占全国总产量的 4.3%、8.3%和 5.5%。3 省的大白菜、黄瓜和番茄产量合计分别占全国总产量的 35.2%、39.3%和 29.6%（图 6-1）。实际上，这 3 个省也是北京市蔬菜供给的重要来源，对确保北京市蔬菜供给发挥了重要作用。据测算，河北、辽宁、山东 3 省蔬菜分别占北京市蔬菜供给的比例约为 25%、10%和 25%，合计占北京市蔬菜供给的 60%以上[6]。

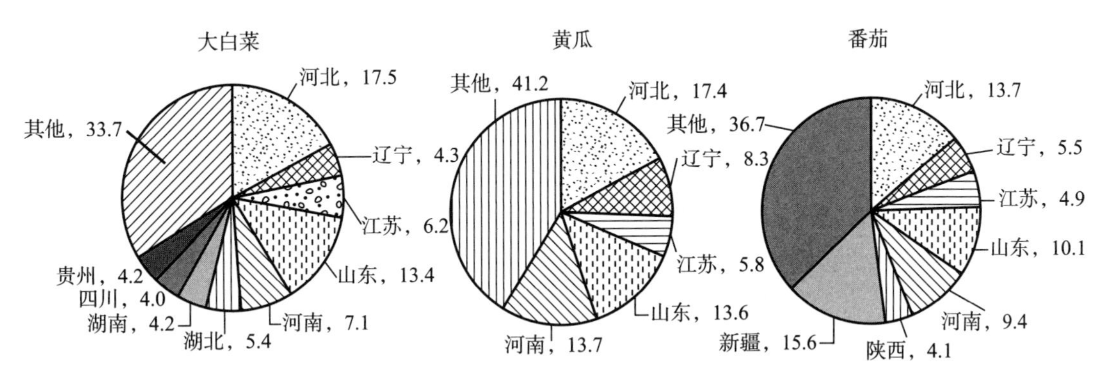

图 6-1　2016 年大白菜、黄瓜、番茄主产省产量占比

（数据来源：中国种植业信息网 http：//zzys. agri. gov. cn/nongqing. aspx。）

第二节　北京市蔬菜市场运行的季节特征

蔬菜生产供给具有季节性、地域性特征，产地供给变化将引起销地市场变动，产地供给规律也使得销地市场表现出一定规律性。笔者收集分析了 2013—2016 年北京市批发市场 3 种蔬菜的价格与交易量数据，以便更加准确地把握北京市蔬菜市场的季节变化规律，所用数据来源于北京市市场协会。

一、北京市大白菜市场运行的季节特征

大白菜主要采取露地方式生产，按照播种时间，大体可以分为春白菜、夏白菜和秋冬白菜。其中，春白菜通常在每年 3 月下旬至 4 月上旬播种，5—6 月上市；夏白菜通常在每年 5—6 月播种，7—8 月上市；秋冬白菜通常在 7 月下旬至 8 月上旬播种，10—11 月上市。

通过计算北京市批发市场旬度价格与交易量可以发现，从年初至年末，北京市大白菜

批发市场交易量大体呈“V”字形变动，可分为 4 个时期（图 6 - 2），分别是冬春（11 月上旬至 4 月上中旬）、春夏（4 月下旬至 6 月上中旬）、夏季（6 月下旬至 9 月上中旬）和深秋（9 月中下旬至 10 月中下旬）。

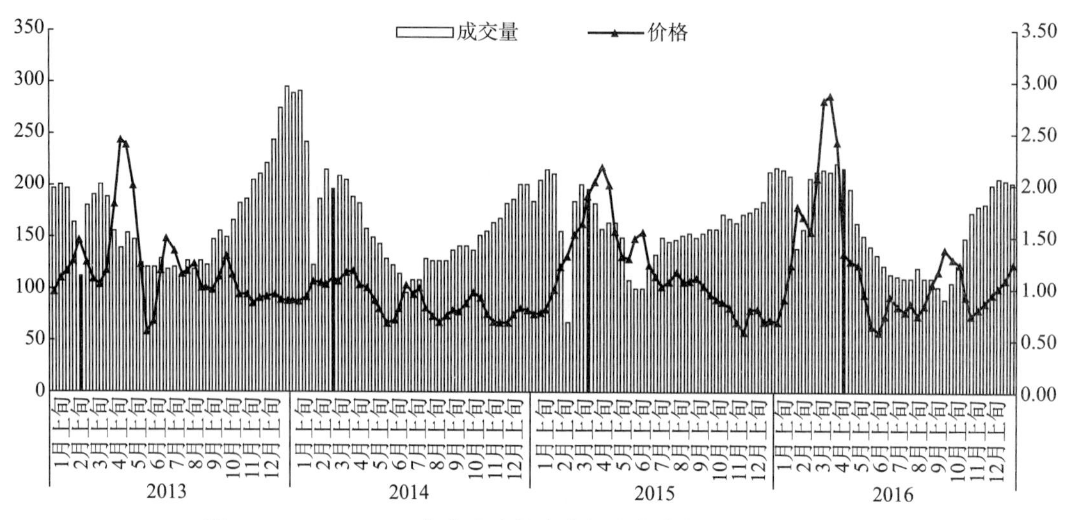

图 6 - 2　2013—2016 年北京市批发市场大白菜旬度价格与交易量

我国北方地区居民冬季有消费大白菜的传统，这一时期是大白菜的供销旺季，全年交易峰值多出现在年末岁初，上市大白菜主要是秋冬大白菜，通过冬储可以持续供给到春季。夏季是大白菜上市的淡季，春夏、深秋时期则是北京市大白菜市场供销转换时期。据监测统计，冬春时期北京市主要批发市场大白菜日均交易量 197.9 吨，为全年最高；夏季日均交易量约 123.5 吨；春夏、深秋两时期日均交易量为 140～150 吨[①]。

从价格表现看，冬春、春夏季节大白菜价格较高，两季节大白菜平均批发价格分别为 1.13 元/千克和 1.23 元/千克；夏季、深秋季节大白菜价格较低，两季节大白菜平均批发价格分别为 1.04 元/千克和 0.99 元/千克。冬春、春夏也是大白菜价格剧烈波动时期（冬春、春夏批发价格标准差平均分别为 0.38 元/千克和 0.36 元/千克）。比较年际价格，发现春夏季节大白菜价格同比波动最强，2013—2016 年批发价格最大价差达 0.83 元/千克，明显高于其他季节（表 6 - 1）。

表 6 - 1　北京市各时期主要批发市场大白菜平均价格与日均交易量

年份	日均交易量（吨）					价格（元/千克）					价格标准差（元/千克）				
	春夏	夏季	深秋	冬春	平均	春夏	夏季	深秋	冬春	平均	春夏	夏季	深秋	冬春	平均
2013	133.5	124.9	167.8	221.8	162.0	1.51	1.18	1.10	1.00	1.2	0.71	0.16	0.14	0.10	0.28
2014	136.0	119.7	144.6	181.2	145.4	0.82	0.85	0.87	1.09	0.91	0.11	0.13	0.08	0.44	0.19
2015	140.6	139.1	159.2	192.6	157.9	1.65	1.16	0.95	1.36	1.28	0.33	0.14	0.06	0.74	0.32
2016	157.2	110.3	137.6	195.9	150.2	0.94	0.94	1.06	1.07	1.00	0.29	0.20	0.22	0.22	0.23
平均	141.8	123.5	152.3	197.9	153.9	1.23	1.04	0.99	1.13	1.1	0.36	0.16	0.13	0.38	0.26

① 受放假歇市影响，春节期间市场交易存在短期明显下降。

二、北京市黄瓜市场运行的季节特征

黄瓜的生产方式较为多样，大体可分为设施和露地种植两种方式，设施生产又可分为冷棚和暖棚等类型。近年来，蔬菜设施生产不断发展。据统计，河北、山东和辽宁3省的蔬菜设施生产快速发展，设施化种植水平较高，分别达55.4%、42.3%和83.2%[7]。设施生产的发展在很大程度上打破了气候条件限制，也改变了原有的自然上市规律。此外，由于黄瓜采摘期较长，可以持续供应较长时期，地区间上市交叉的情况较大白菜等叶类菜更为显著。

通过计算北京市批发市场黄瓜旬度价格与交易量可以发现：年初至年末，北京市黄瓜批发市场大体可划分为冬春（11月上旬至次年3月下旬）、春夏（4月上旬至6月下旬）和夏秋（7月上旬至10月下旬）3个时期。冬季初春，天气严寒，北方露地生产停止，供给主要依赖暖棚生产，交易量较低。春夏天气温和，冷棚、露地黄瓜开始大量上市，并逐渐成为主要供给来源。随气温升高，暖棚黄瓜逐渐退市。夏秋季节，露地、冷棚黄瓜均有上市，交易量与冬春季节表现出一定联动性，若夏秋交易量偏高，则冬春交易量将处于较低水平；若夏秋交易量偏少，则冬春交易量将偏高。据监测统计，冬春季节北京市主要批发市场黄瓜日均交易量约71.61吨，明显低于全年平均；春夏季节黄瓜日均交易量约93.76吨，为全年最高，全年交易峰值往往出现在夏初（5月下旬或6月上旬）。

从价格看，北京市黄瓜价格与交易量具有负相关关系[8]。岁末年初，黄瓜交易量较低，价格较高，特别是春节前后，价格为全年最高；春夏季节，黄瓜交易量相对较高，但价格则较低，价格谷底大多出现在春夏之交（5月下旬或6月上旬）。据监测，2013—2016年冬春季节黄瓜平均批发价格为4.63元/千克，春夏季节平均批发价格为2.47元/千克。从价格波动看，冬春季节黄瓜价格波动较剧烈，2013—2016年价格波动标准差平均为0.83元/千克，明显高于春夏、夏秋的0.56元/千克和0.54元/千克。冬春季节黄瓜价格年际波动强，2013—2016年北京冬春季节黄瓜批发价格年际价差最高达2.54元/千克，明显高于其他季节（图6-3，表6-2）。

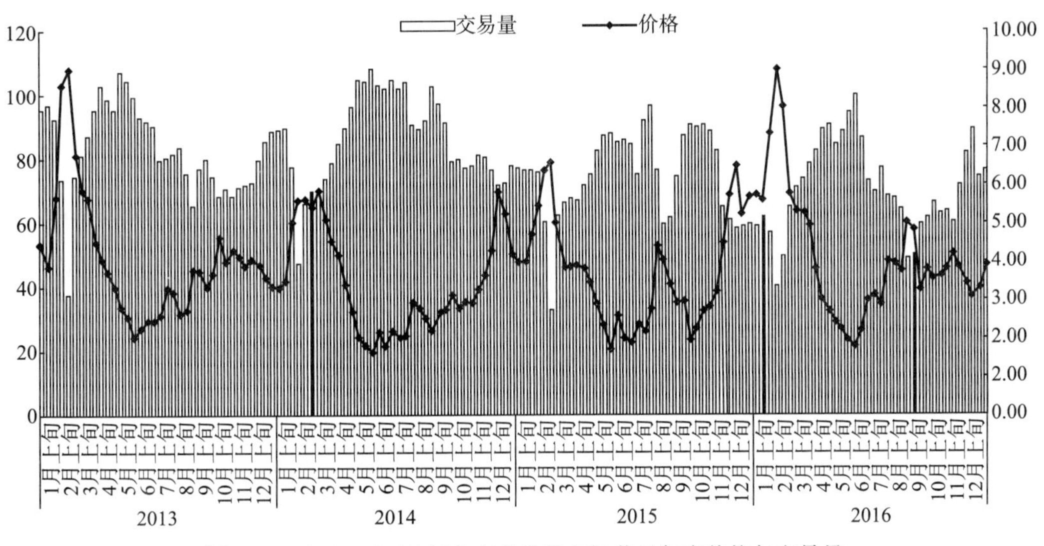

图6-3　2013—2016年北京市批发市场黄瓜旬度价格与交易量

表 6-2 北京市各时期主要批发市场黄瓜平均价格与日均交易量

年份	日均交易量（吨）				价格（元/千克）				价格标准差（元/千克）			
	春夏	夏秋	冬春	平均	春夏	夏秋	冬春	平均	春夏	夏秋	冬春	平均
2013	98.16	75.40	76.01	83.19	2.84	3.47	4.42	3.58	0.65	0.61	0.84	0.70
2014	101.97	87.98	70.24	86.73	2.16	2.74	4.58	3.16	0.49	0.25	0.96	0.57
2015	85.19	80.2	61.35	75.58	2.39	3.06	6.03	3.83	0.49	0.70	1.20	0.80
2016	89.72	63.98	78.85	77.52	2.50	3.76	3.49	3.25	0.61	0.60	0.31	0.51
平均	93.76	76.89	71.61	80.75	2.47	3.26	4.63	3.45	0.56	0.54	0.83	0.64

三、北京市番茄市场运行的季节特征

分析北京市番茄旬度价格和交易量发现，番茄上市规律与黄瓜较为接近，但年内供给更为均衡，各旬交易量变化较小，大体也可划分为冬春、春夏和夏秋 3 个时期。冬春（11 月至次年 4 月上中旬）番茄交易量相对较低，以暖棚生产为主；春夏（4 月下旬至 8 月中下旬）露地、冷棚生产成为供给的主要来源，交易量明显增加；夏秋（9 月上旬至 10 月下旬）番茄交易量逐渐减少，由露地、冷棚生产转为暖棚生产。

从价格看，番茄价格与黄瓜价格也表现出相似特征。冬春价格较高，峰值主要出现在 2 月；春节后价格快速下跌，夏季价格较低，通常在 6 月中下旬或 7 月中旬降至最低，之后价格逐步回升。据监测统计，2013—2016 年冬春季节番茄平均批发价为 4.81 元/千克，春夏、夏秋季节番茄平均批发价分别为 3.15 元/千克和 3.65 元/千克。从价格波动看，冬春、春夏季节番茄价格波动较剧烈，两时期番茄价格波动标准差平均分别为 0.88 元/千克和 1.06 元/千克；而夏秋季节番茄价格波动较平缓，波动标准差平均为 0.49 元/千克。春夏、冬春季节，番茄价格年际波动更大，2013—2016 年春夏、冬春季节黄瓜批发价格年际价差最高达 3.02 元/千克和 1.71 元/千克（图 6-4，表 6-3）。

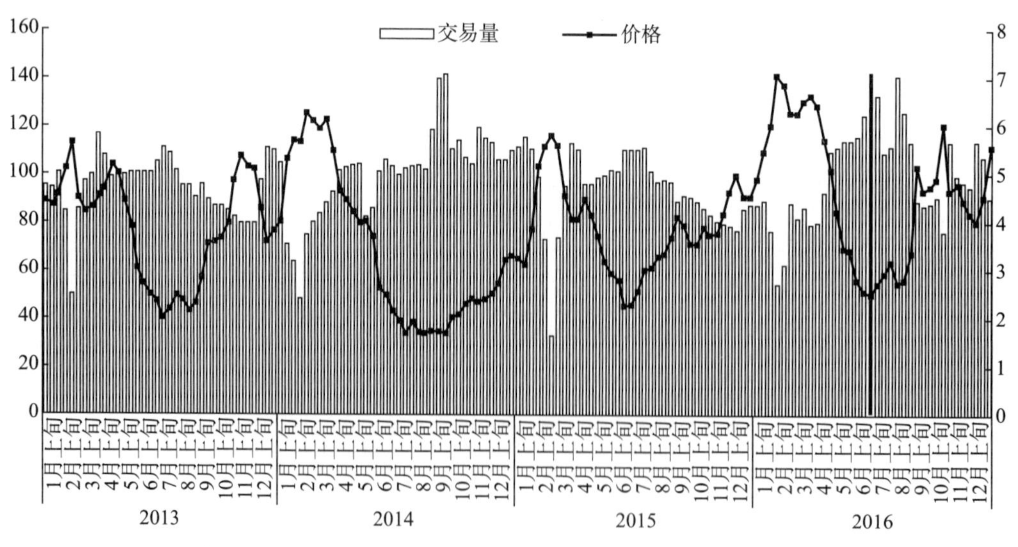

图 6-4 2013—2016 年北京市批发市场番茄旬度价格与交易量

表 6-3　北京市各时期主要批发市场番茄平均价格与日均交易量

年份	日均交易量（吨）				价格（元/千克）				价格标准差（元/千克）			
	春夏	夏秋	冬春	平均	春夏	夏秋	冬春	平均	春夏	夏秋	冬春	平均
2013	100.56	87.94	84.34	90.95	3.05	3.76	5.20	4.00	1.06	0.61	0.84	0.84
2014	100.21	119.51	100.36	106.69	2.96	2.00	3.86	2.94	1.11	0.27	1.15	0.84
2015	102.09	88.13	79.69	89.97	3.21	3.81	5.57	4.20	1.15	0.62	1.02	0.93
2016	118.48	90.78	100.20	103.15	3.40	5.02	4.59	4.33	0.94	0.47	0.50	0.64
平均	105.34	96.59	91.15	97.69	3.15	3.65	4.81	3.87	1.06	0.49	0.88	0.81

第三节　北京市蔬菜流通时空格局

在分析北京市蔬菜市场流通季节特征的基础上，笔者通过调研和文献整理，发现北京市蔬菜市场流通在不同时期相对固定的来源地，并归纳产地转换规律，进一步总结北京市蔬菜流通空间变换，从而得到蔬菜流通的时空特征全貌。

一、北京市大白菜流通时空格局变化

根据上市时期，笔者分别归纳总结了大白菜的供给来源和产地转换规律。冬春季节，北京市大白菜主要来自两个地区，一是河北中东部，主要包括唐山玉田、保定涿州等地；二是山东枣庄、泰安等地区。采用冬储方式，所产大白菜一般可以销售到次年3月底。春夏季节，北京市大白菜主要来自河北。4月，紧邻北京的河北廊坊固安、天津武清等地春季白菜开始上市，并逐渐成为市场供给的主要来源，一些较远产地也有部分供给，如山东青州等地，这一格局将持续到6月，之后，上述地区大白菜将逐渐退出市场。6月下旬，河北承德大白菜开始上市；7月，张家口张北、沽源等地大白菜逐渐上市。整个夏季，河北省北部冷凉地区成为北京市大白菜重要供应地区，至9月上中旬，冷凉地区大白菜逐渐退市。9月底、10月初，北京市大白菜主要来源地逐渐转为河北中东部的唐山、保定和廊坊等地。11月，山东枣庄、泰安等地秋冬大白菜开始上市，市场供给再次转为冬春时期流通格局，并开始新的转换周期（表6-4）。

表 6-4　北京市大白菜流通季节与空间转换规律

时间	产品类型	主要来源地区	转换趋势
11月上旬至次年4月上中旬	冬储大白菜和新上市大白菜	河北中东部（主要包括唐山玉田、保定涿州等）、山东部分地区（山东枣庄、泰安等）	11月下旬，山东枣庄、泰安等地大白菜上市，与河北中东部冬储大白菜成为北京市大白菜主要来源。3月，冬储大白菜逐渐进入上市尾期，4月基本售罄
4月下旬至6月上中旬	春季大白菜	河北廊坊、天津武清	4月，河北固安与天津武清大白菜逐步上市，成为北京市大白菜主要供给来源

（续）

时间	产品类型	主要来源地区	转换趋势
6月下旬至9月上中旬	夏季大白菜	河北张家口、承德等地	6月下旬，河北承德等地大白菜开始上市；7月中旬，河北张家口张北、沽源等地大白菜上市
9月下旬至10月中下旬	秋冬大白菜	河北唐山等地	10月初，河北唐山玉田等地大白菜开始上市

二、北京市黄瓜流通时空格局变化

北京市黄瓜供给主要来自河北、山东和辽宁3个省，几乎全年均有供给，不同时节的供给量与市场占比有所差异。

冬春季节，北京市黄瓜供给大多由暖棚生产，主要来自辽宁凌源、内蒙古赤峰以及山东潍坊等地，又以辽宁凌源及周边为主。供给不足、价格较高时，南方云南、海南等地也有部分流入。春夏季节，北京市黄瓜供给逐渐由暖棚转换为冷棚、露地生产，又以河北黄瓜居多。3月开始，辽宁凌源等地暖棚黄瓜逐渐退市，河北固安以及衡水、沧州等地冷棚黄瓜开始上市。4月，山东聊城等地冷棚黄瓜继续上市。6月，临近北京的河北固安等地黄瓜上市进入高峰，山东、辽宁等地黄瓜市场占比逐渐减少。夏秋季节，供给以河北、山东等地冷棚和露地黄瓜居多。9月后，河北黄瓜逐渐退市，山东聊城等地黄瓜供给逐渐增加。10月，河北黄瓜上市进入尾期，市场供给又逐渐转为以辽宁和山东暖棚黄瓜为主（表6-5）。

表6-5　北京市黄瓜上市流通转换规律

时间	产品类型	主要来源地区	变化过程
11月至次年3月下旬	暖棚黄瓜	辽宁（凌源）、内蒙古（赤峰）以及山东（潍坊）	以辽宁产黄瓜为主，所占份额可达50%以上，3月，辽宁黄瓜逐渐退出市场
4月上旬至6月下旬	冷棚、露地黄瓜	河北廊坊与山东潍坊	3月，河北固安等地黄瓜开始上市，至6月份达到上市高峰。4月，山东聊城黄瓜上市。该时期，市场以河北、山东黄瓜为主
7月上旬至10月下旬	冷棚、暖棚黄瓜	辽宁、山东等地	10月初，河北黄瓜进入上市尾期，辽宁、山东黄瓜上市逐渐增多

三、北京市番茄流通时空格局变化

北京市番茄供给主要来自山东、河北、辽宁、内蒙古等省份，4个省份的番茄供给合计约占北京市场的6成。

冬春季节（11月至次年4月上中旬），北京市番茄供给主要来自于山东潍坊、内蒙古赤峰、辽宁锦州等地，以暖棚番茄为主。4月，暖棚番茄开始减少，而河北廊坊、衡水等地冷棚番茄逐步上市，供给开始由暖棚生产逐渐转为冷棚、露地生产。春夏时期（4月下旬月至8月中下旬），北京市番茄处于上市旺季，且以冷棚和露地生产为主。6月，河北廊坊、保定、衡水等地夏季番茄上市，至7月，北京市番茄供给也多来自河北，供给量占北京市番茄供给的 7 成。8 月，夏季番茄逐渐退市，内蒙古赤峰、河北承德、张家口等地番茄逐渐上市，露地番茄占全部供给的 6 成以上。秋季（9 月上旬月至 10 月下旬），番茄交易量逐渐减少，开始逐渐由露地、冷棚生产转为暖棚生产。9 月，北京市场番茄主要来自内蒙古赤峰，部分来自辽宁。10 月底，辽宁朝阳、鞍山和内蒙古赤峰冷棚番茄逐步退市。11 月初，山东、内蒙古、辽宁等地的暖棚番茄逐步进入批量上市期（表 6－6）。

表 6－6　北京市番茄上市流通转换规律

时间	产品类型	主要来源地区	变化过程
11 月至次年 4 月上中旬	暖棚番茄	山东（潍坊）、内蒙古（赤峰）、辽宁（锦州）	10 月底，冷棚番茄逐渐退市。11 月初，山东、辽宁、内蒙古等地暖棚番茄逐渐上市，至次年 4 月，市场以暖棚番茄为主
4 月下旬月至 8 月中下旬	冷棚、露地番茄	河北（廊坊、保定、衡水）	4 月，暖棚番茄开始减少，而河北廊坊、衡水等地冷棚番茄逐步上市，番茄供给开始由暖棚生产逐渐转为冷棚和露地生产。北京市场夏季番茄主要来自河北，8 月，夏季番茄逐渐退市
9 月上旬至 10 月下旬	冷棚与暖棚番茄	河北（张家口、承德）、内蒙古（赤峰）	9 月，北京市场番茄主要来自内蒙古赤峰，部分来自辽宁。10 月底，辽宁朝阳、鞍山和内蒙古赤峰冷棚番茄逐步退市。11 月初，山东、内蒙古、辽宁等地的暖棚番茄逐步进入批量上市期

四、相关结论

蔬菜生产是自然与社会再生产的结合，受到自然条件的限制，与技术和经济因素密切相关，种植具有一定的地域性，上市也带有较显著的规律性[9]。

北京周边省份是我国设施蔬菜的主产地，是北京蔬菜供给的主要来源。由于各地地理气候条件不同，蔬菜上市供给时期有所差异，在长期的市场流通中，形成了相对稳定的产地转换规律，上市流通具有较显著的时空特征。冬季，受天气因素影响，蔬菜供需缺口大，主要依靠存储（如大白菜）或设施（番茄、黄瓜）供给满足需求。由于生产方式较为单一、供给来源较少，蔬菜运销半径相对较大，距离相对较远的辽宁、山东蔬菜在北京市场占有较大比例。春、秋季节，我国大部分地区天气温和，适宜露地、设施蔬菜生长，生产方式多样，供给来源广泛，北京市场所售蔬菜运销半径较小，更多来自邻近的河北县市。夏季炎热，设施生产受到一定抑制，张北、承德等高原冷凉地区成为北京蔬菜供给重要来源。总的看，北京市蔬菜上市流通伴随着天气变化，呈现季节性“潮起潮落”。天气转暖，供给来源由较远的山东、辽宁逐渐转换为临近的河北县市，出现“潮起”；天气转冷，上市减少，供给来源又再次转换为山东、辽宁等地，出现“潮落”。一年中，北京市蔬菜流通在空间上总体表现出“远—近—远”的特点。从生产方式看，则具有由设施生产为主向露地生产转换再到设施生产为主的规律。

北京蔬菜流通的时空特征也体现在市场价格波动方面。冬春季节，蔬菜大多为设施生产或存储销售，供给相对少，运销距离远，生产、流通成本高，价格高；而春夏、夏季蔬菜生产方式多样，运销距离短，生产与流通成本低，价格低。价格剧烈波动时期往往出现在冬春季节，或者是春夏季节。冬春、春夏季节蔬菜供给量存在较为明显的变化。对于大白菜而言，冬春季节供给要经历逐渐增加的过程，春夏再转为减少；对于黄瓜、番茄而言，冬春季节供给要经历逐渐减少的过程，春夏再转为增加。在供给变化、产地转换的过程中，容易出现重叠上市、衔接不畅等情况，从而引起价格频繁剧烈波动。

参考文献

[1] 周应恒，卢凌霄，耿献辉．中国蔬菜产地变动与广域流通的展开［J］．中国流通经济，2007（5）：10-13.

[2] 纪龙，李崇光，章胜勇．中国蔬菜生产的空间分布及其对价格波动的影响［J］．经济地理，2016，36（1）：148-155.

[3] 吴建寨，沈辰，王盛威，等．中国蔬菜生产空间集聚演变、机制、效应及政策应对［J］．中国农业科学，2015，48（8）：1641-1649.

[4] 赵霞，穆月英，潘凤杰，等．北京市自产蔬菜供需平衡分析——基于批发市场层面的初步测算［J］．中国蔬菜，2011（21）：12-17.

[5] 吴舒．蔬菜供给、地区结构及供给效应研究——以北京市为例［D］．北京：中国农业大学，2017.

[6] 赵友森，赵安平，王川．北京市场蔬菜来源地分布的调查研究［J］．中国食物与营养，2011，17（8）：41-44.

[7] 张哲晰，杨鑫，穆月英．五省市蔬菜生产及跨区域供给分析——基于北京市视角［J］．中国食物与营养，2018，24（1）：10-14.

[8] 赵安平，赵友森，王川．北京市蔬菜价格波动的影响因素和评估及政策建议［J］．农业现代化研究，2012，33（5）：598-602.

[9] 孔繁涛，沈辰，余玉芹，等．我国蔬菜价格运行及产销匹配研究——以大白菜为例［J］．中国蔬菜，2014（6）：1-5.

价　格　篇

第七章

我国不同类型蔬菜价格波动分解与贡献分析

近些年，我国蔬菜价格波动频繁，一些品种更是暴涨暴跌，引起了政府、媒体、学者的普遍关注。在价格频繁剧烈波动中，“菜贱伤农”与“菜贵伤民”交替出现，给政府调控带来很大压力。蔬菜价格的频繁波动与多种因素有关，掌握蔬菜价格的波动规律是稳定价格的前提和基础，必须给予足够的重视，并进行细致分析。笔者采用时间序列分析方法，对多种蔬菜价格时间序列进行分解整理，分离出不同波动，并就其对价格的贡献进行分析讨论，尝试找出不同类型、品种蔬菜价格波动的特征及其变动规律。

第一节　蔬菜价格波动分解的理论介绍

蔬菜价格影响因素众多，波动来源广泛，表现形式多样，波动类型各异。一般而言，价格波动可以分为 4 种类型，分别是季节波动、随机波动、周期波动和趋势波动。

蔬菜生产是自然再生产与经济再生产的有机结合，其生产供给的季节性决定了价格的季节波动；生产过程易受异常天气、病虫害等因素影响，随机波动对价格影响频繁剧烈；蔬菜生产周期长，生产决策需要依据往期情况做出，“供不应求—价格高—扩大生产—供过于求—价格低—减少生产—供不应求”的周期波动明显；此外，经济运行中的一些长期因素，如劳动成本、能源价格等，对蔬菜价格也有着较强影响，而这种影响不会在短期内改变，使得价格往往表现出明显的趋势性。

根据以上分析，蔬菜价格分解可以表示为 $Y=f(T,C,S,R)$ 。式中，蔬菜价格序列为 Y , T 为趋势波动, S 为季节波动, R 为随机波动, C 为周期波动。f 表示某一函数，具体又可以分为加法模型和乘法模型。加法模型认为各种波动类型在函数关系上是相加关系，乘法模型认为各种波动类型在函数关系上是相乘关系。具体分析时，可以根据序列的表现加以选择。

第二节　蔬菜价格波动分解的实证分析

基于近年来 28 种蔬菜的月度批发价格，运用价格季节分解模型和 H-P 滤波法，将价格分解为趋势、周期、季节、随机 4 种波动类型，进而分析归纳蔬菜价格波动的特征。

一、数据来源及处理

笔者收集整理了 28 种蔬菜 2009 年 1 月至 2019 年 12 月批发市场月度价格数据。为了便于分析，将 28 种蔬菜划分为 4 个类型，分别是瓜果类、根茎类、叶菜类和其他类，具体划分情况见表 7-1。

表 7-1　蔬菜类型划分

类型	品种
叶菜类	菠菜、芹菜、韭菜、甘蓝、大白菜、菜花、西蓝花、油菜、生菜
瓜果类	冬瓜、豆角、黄瓜、茄子、南瓜、番茄、西葫芦、青椒
根茎类	白萝卜、胡萝卜、莲藕、马铃薯、莴笋
其他	大葱、大蒜、生姜、葱头、平菇、香菇

研究综合应用季节分解方法和 H-P 滤波法，对蔬菜价格的 4 种波动形式进行分解[1]。处理时，采用加法模型进行分解。首先采用美国商务部国势普查局（Bureau of Census, Department of Commerce）开发的 X-12 季节调整方法，分别分解得到趋势＋周期波动序列（TC）、季节波动序列（S）、随机波动序列（R）。进一步采用 H-P 滤波法对趋势＋周期序列进行分解，得到趋势波动序列和周期波动序列。在 H-P 滤波法中，平滑参数 λ 的取值存在一个权衡问题，研究选用 14 400 作为权重[2]。文中数据处理分析过程全部使用 Eviews 8.0 软件得到[3]。

二、蔬菜价格的趋势波动特征

考察期间，几种类型蔬菜上涨趋势均较为明显。2009 年 1 月至 2019 年 12 月，瓜果类蔬菜趋势波动年均上涨 5.0%，其典型品种黄瓜、豆角的趋势波动年均分别上涨 5.5%、5.8%；根茎类蔬菜趋势波动年均上涨 4.4%，其典型品种白萝卜、马铃薯的趋势波动年均分别上涨 3.3%、4.9%；叶菜类蔬菜趋势波动年均上涨 3.8%，其典型品种大白菜趋势波动年均上涨 2.7%；其他类蔬菜趋势波动年均上涨 4.5%，其中，大蒜趋势波动呈现“波浪形上涨”特征，年均上涨 6.0%（图 7-1）。

成本增加是蔬菜趋势波动持续增长的重要原因[4]。从成本变化和构成情况看（表 7-2），2009—2019 年，蔬菜的亩平均生产成本年均增长 8.2%，至 2019 年，总成本已接近 3 000 元，与蔬菜价格持续上涨趋势一致。人工成本在总成本中占有较大比例，也是近年来蔬菜价格上涨较快的因素，年均增长率达到 11.5%。物质与服务成本占总成本比例仅次于人工成本，年均增长率为 4.8%。土地成本占总成本的比例有限，2009 年仅为 9.8%，2009—2019 年蔬菜生产土地成本年均增长 5.7%。

表 7-2　2009—2019 年不同蔬菜成本构成及其增长情况

品种	2019 年蔬菜成本构成（元）				2009—2019 年年均增长率（%）			
	总成本	物质与服务	人工	土地	总成本	物质与服务	人工	土地
蔬菜平均	2 310.46	1 078.29	1 006.75	225.42	8.2	4.8	11.5	5.7
露地黄瓜	2 368.55	1 056.34	1 110.39	201.82	8.3	3.8	11.6	7.2
露地大白菜	1 316.60	601.45	510.55	204.60	7.4	2.1	12.3	4.5
露地马铃薯	847.97	350.77	302.85	194.35	7.9	9.6	7.0	5.8

数据来源：《全国农产品成本收益年鉴（2010—2020）》。

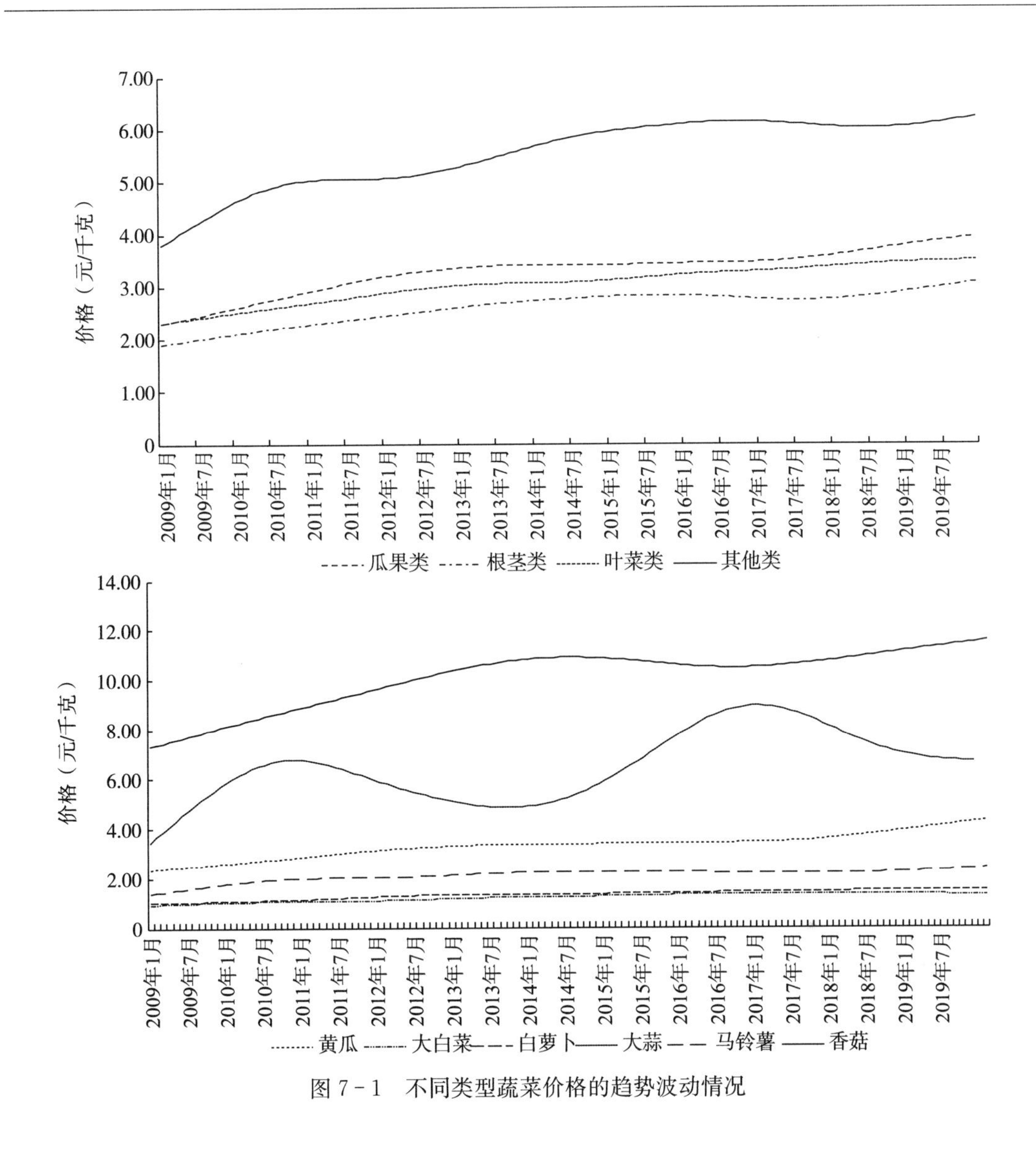

图 7－1　不同类型蔬菜价格的趋势波动情况

三、蔬菜价格的季节波动特征

在季节波动方面，几种类型的蔬菜存在明显差异。其中，瓜果类蔬菜季节波动最为明显，表现为年初高、年中低，整体呈现“V”字形；叶菜类蔬菜季节波动表现为年初高，之后持续下降，秋季微涨，而后又持续下降，年末再次上涨，大体呈 W 形；根茎类、其他类蔬菜季节波动相对较为平稳，根茎类蔬菜季节波动突出表现为年末突然降低，其他类蔬菜季节波动表现出年中低、春节和国庆期间高的特点（图 7－2）。

四、蔬菜价格的周期波动特征

在考察期间，几类蔬菜大多都经历了 4～6 个波动周期，叶菜类、瓜果类、根茎类蔬菜价格波动周期的时间跨度和波动强度均有所增强。叶菜类蔬菜波动周期大体可分为 2009

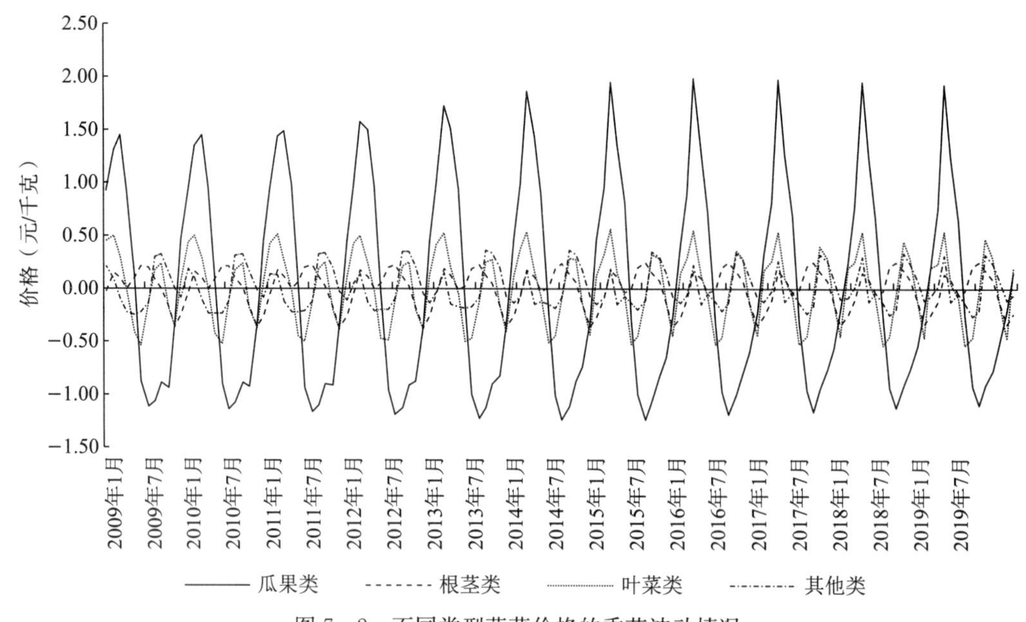

图 7－2　不同类型蔬菜价格的季节波动情况

年 8 月至 2011 年 3 月（20 个月）、2011 年 4 月至 2012 年 8 月（17 个月）、2012 年 9 月至 2014 年 3 月（19 个月）、2014 年 5 月至 2017 年 4 月（37 个月）、2017 年 5 月至 2019 年 9 月（29 个月），周期内波动幅度分别为 0.64 元/千克、0.69 元/千克、0.79 元/千克、1.1 元/千克和 0.74 元/千克。瓜果类蔬菜波动周期大体可分为 2009 年 4 月至 2010 年 3 月（12 个月）、2010 年 4 月至 2011 年 3 月（12 个月）、2011 年 4 月至 2012 年 11 月（20 个月）、2012 年 12 月至 2014 年 9 月（22 个月）、2014 年 10 月至 2017 年 3 月（30 个月）、2017 年 4 月至 2019 年 10 月（31 个月），周期内波动幅度分别为 0.39 元/千克、0.27 元/千克、0.83 元/千克、0.76 元/千克、0.94 元/千克、0.86 元/千克。2009—2011 年，根茎类蔬菜周期波动十分平缓，波动幅度均在 0.34 元/千克，2012 年 1 月至 2014 年 8 月（32 个月）周期内波动幅度 0.4 元/千克，2014 年 9 月至 2017 年 5 月（33 个月）周期内波动幅度达 0.73 元/千克，2017 年 6 月至 2019 年 12 月（31 个月）周期内波动幅度达 0.74 元/千克。与几类蔬菜不同，其他类蔬菜波动周期时间跨度大体相当，但波动幅度不断下降，2009 年 1 月至 2011 年 12 月（36 个月）波动幅度达 2.32 元/千克；2012 年 1 月至 2015 年 10 月（46 个月）波动幅度为 1.87 元/千克；2015 年 11 月至 2018 年 12 月（38 个月）波动幅度为 1.22 元/千克（图 7－3）。

五、蔬菜价格的随机波动特征

在考察期间，根茎类和其他类蔬菜随机波动较为平稳，均维持在 0.5 元/千克之内，前后没有显著的差异。与根茎类和其他类蔬菜相比，瓜果类、叶菜类蔬菜随机波动幅度较大。瓜果类蔬菜随机波动幅度最高可达 0.8 元/千克，这种大幅随机波动大多发生在冬春季节。叶菜类蔬菜在不同时段的表现存在明显差异，2009—2011 年，叶菜类蔬菜随机波

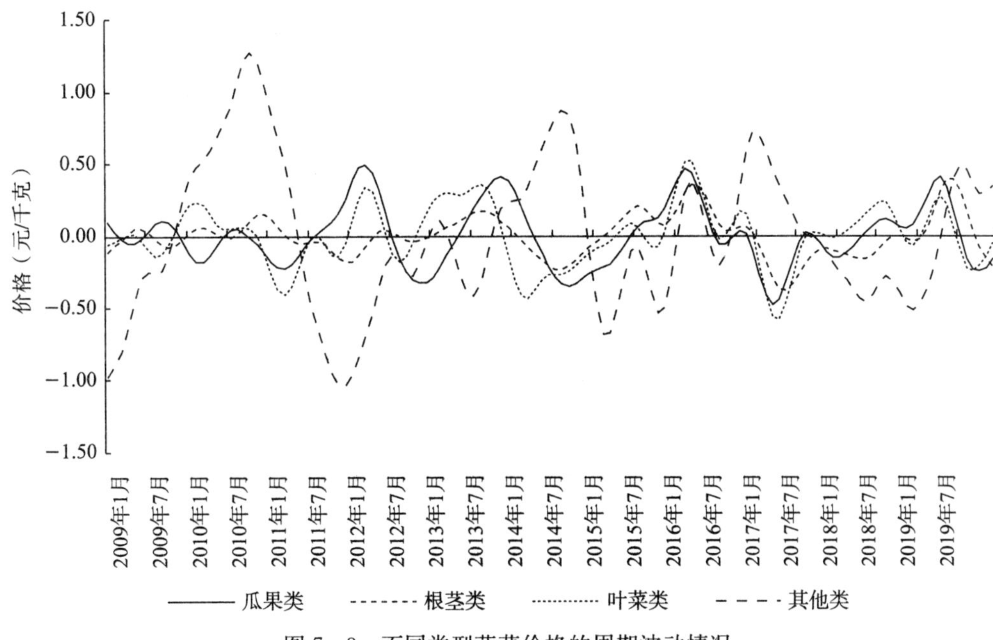

图 7－3　不同类型蔬菜价格的周期波动情况

动幅度较小，波动幅度基本维持在 0.5 元/千克以内，但 2012 年后，其随机波动幅度显著加大，2012 年 8 月，随机波动达到 0.68 元/千克，2016 年 2—3 月，随机波动更是超过 1 元/千克（图 7－4）。

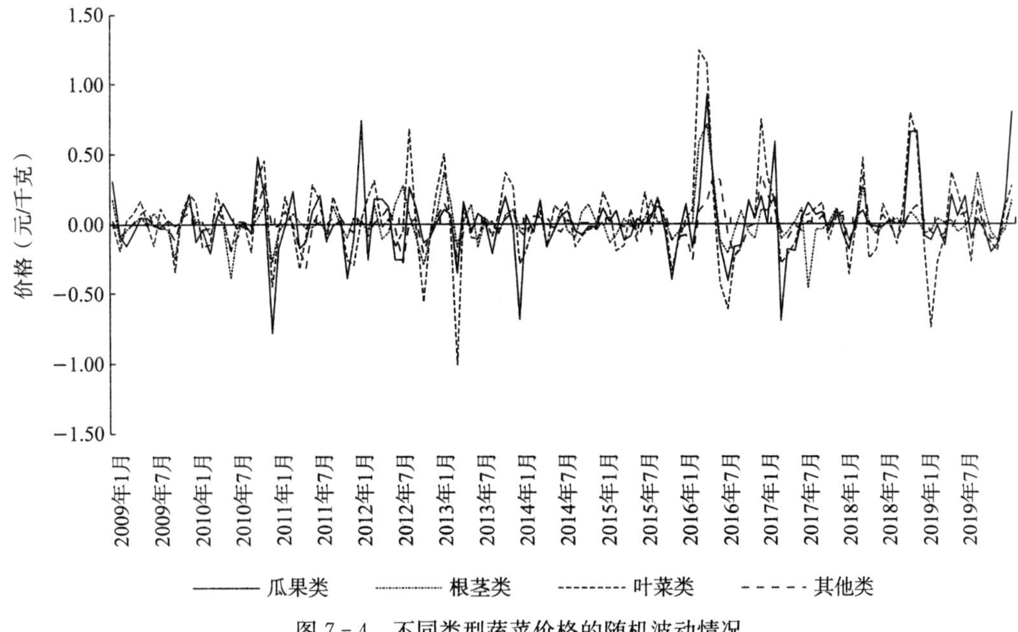

图 7－4　不同类型蔬菜价格的随机波动情况

第三节　不同波动对蔬菜价格的贡献分析

通过加法模型，分解得到不同影响因素的波动序列。由于不同品种蔬菜的价格水平存在差异，直接对不同品种蔬菜的波动因素进行比较容易因为水平差异而出现偏差，故选择计算各种波动与原价格之比，进而对其比例的绝对值求平均，反映各种波动对价格的影响程度，结果见表7-3。

表7-3　不同波动对价格的贡献及其变化情况

蔬菜品种	总平均				2009年				2019年			
	随机波动（%）	季节波动（%）	趋势波动（%）	周期波动（%）	随机波动（%）	季节波动（%）	趋势波动（%）	周期波动（%）	随机波动（%）	季节波动（%）	趋势波动（%）	周期波动（%）
叶菜类	6.7	9.9	102.3	5.5	5.0	12.4	103.5	2.6	5.3	8.8	101.4	4.5
大白菜	10.3	15.2	106.8	10.8	7.9	19.5	117.0	11.7	6.7	14.1	107.0	5.0
瓜果类	4.8	29.1	109.8	5.1	2.8	40.2	112.7	2.7	4.4	20.7	104.8	5.8
黄瓜	7.5	34.2	113.7	6.9	4.7	47.6	119.2	2.4	3.8	24.4	111.1	7.4
豆角	7.1	34.3	112.9	3.2	3.8	48.4	120.3	1.2	6.7	26.0	107.2	1.4
根茎类	3.0	5.9	100.9	4.2	2.8	7.2	102.3	2.6	2.8	5.0	97.3	5.9
白萝卜	6.8	5.1	101.3	7.2	5.6	6.8	100.3	3.8	6.1	4.3	99.5	5.9
马铃薯	2.1	8.8	102.6	10.2	0.7	13.8	116.1	15.2	1.1	6.9	98.4	3.2
其他	1.7	3.1	101.3	8.1	2.2	4.8	112.3	13.1	1.3	2.6	97.5	5.1
香菇	1.7	4.5	100.6	2.4	2.9	6.2	101.8	0.8	1.4	3.6	100.1	1.8
大蒜	4.1	8.3	117.3	34.4	12.3	17.8	195.9	98.8	2.4	8.8	94.5	22.9
生姜	2.7	5.8	112.5	27.0	2.7	7.3	129.9	30.1	1.8	3.1	97.5	4.7

从不同波动贡献看，随机波动对几种类型蔬菜价格的贡献在10%以下，几类蔬菜中，叶菜类最高，达到6.7%，对瓜果类蔬菜价格的影响次之，为4.8%，对其他类蔬菜的影响只有1.7%；趋势波动对几种类型蔬菜贡献均在100%左右；周期波动对叶类菜、瓜果类、根茎类蔬菜价格贡献均低于6%，对其他类蔬菜的贡献超过8%，特别是其中一些小宗品种，如大蒜、生姜两种蔬菜，周期波动贡献分别达到34.4%和27.0%，影响明显；季节波动对瓜果类蔬菜价格贡献较为显著，接近30%，其中，黄瓜、豆角季节波动贡献接近35%，其对叶菜类蔬菜的贡献也较为明显，平均为9.9%，对大白菜价格贡献在15%左右。

从不同时期波动影响看，趋势波动与价格之比基本都在100%左右，表明趋势波动对价格决定一直有着较强影响。季节波动对几种类型蔬菜的贡献均表现出减弱态势，瓜果类蔬菜表现最为明显，从2009年的40.2%下降到2019年的20.7%。季节波动对黄瓜、豆角的贡献分别从2009年的47.6%、48.4%下降到2019年的24.4%、26.0%。考察期间，其他类蔬菜受周期波动影响明显下降，特别是大蒜、生姜等蔬菜，周期波动对价格的贡献分别由 98.8%、30.1%降至 22.9%、4.7%。此外，随机波动对几类蔬菜价格的贡献表现出先提高后下降的特点，特别是 2010 年、2013 年，随机波动对叶类菜价格的贡献有较大提高。

第四节　相关结论与建议

在对 28 种蔬菜批发价格进行计算、分解、整理的基础上，笔者考察了不同类型蔬菜的趋势波动、周期波动、季节波动、随机波动与贡献变化，主要得到以下结论及建议。

一、蔬菜价格呈明显上涨趋势，应关注成本对价格的影响

从整理结果看，趋势波动对价格贡献最高，而在影响价格的长期因素中，生产成本无疑是最重要的。因此，加强要素价格和成本的长期监测十分必要。在近期蔬菜价格上涨中，人工成本起着重要作用，应当将人工成本监测作为重点。

几种典型蔬菜的趋势表现也体现了蔬菜生产的个体特征，特别是一些小品种蔬菜，趋势表现并非持续上涨，而是呈波浪形增长趋势，比如大蒜，这种现象与此类蔬菜长期储存、跨期销售的特征有一定联系，此类蔬菜价格的监测需要持续关注近几年内的价格走势。

二、波动的影响程度与变动趋势不尽相同，随机波动有增强趋势

从不同波动变化看，季节波动的作用在考察时期有所减弱，减弱的主要原因有以下几个方面：一是近年来我国蔬菜设施生产的推广和发展打破了自然条件的限制，许多蔬菜基本实现了常年供应；二是伴随着运输、储藏条件的提高和市场的放开，我国蔬菜流通范围逐渐扩大，“南菜北运”“北菜南运”大大缓解了由于季节因素造成的区域性供给短缺；三是我国居民收入水平持续提高，食品短缺局面改善，蔬菜已经成为日常生活中十分普通的消费品，节庆突击消费的局面得到很大改观。与季节波动变化相反，随机波动对叶类菜价格的影响在考察期间曾出现增强。之所以出现这种情况，一方面可能与近一段时期的气候变化、灾害频发有一定联系，另一方面也体现了在目前大流通格局下，市场信息匮乏、交易呈现无序状态的现状。此外，有些产品的随机波动也不排除投机因素的作用[5]。

三、不同种类波动差异明显，应重点监测易受随机波动影响的品种

在四大类蔬菜中，不同波动类型的影响存在明显差异。即使在同一种蔬菜、同一波动形态中，也有表现出完全相反特征的。

由于不同蔬菜的波动来源与影响程度存在差异，在具体的监测预警工作中，应当有所区别和偏重。趋势波动对各类蔬菜价格波动贡献均较大，但长期趋势预测也相对容易。季节波动、周期波动体现了生产中的规律性，监测也较为容易。相对而言，随机波动往往带来市场的突然变动，监测难度较大。在监测预警中，对易受随机波动影响的蔬菜，如叶类蔬菜，应当给予高度重视。

参考文献

[1] 李干琼，许世卫，李哲敏，等．鲜活农产品市场价格波动规律研究——基于 H-P 滤波法的周期性分析 [J]．农业展望，2013，9（1）．

[2] 张峭，宋淑婷．中国生猪市场价格波动规律及展望 [J]．农业展望，2012，1：24-26.

[3] 易丹辉．数据分析与 Eviews 应用 [M]．北京：中国人民大学出版社，2009.

[4] 宋洪远，翟雪玲，曹慧，等．农产品价格波动：形成机理与市场调控 [J]．经济研究参考，2012，28.

[5] 张红宇，杨春华，刘建永，等．对鲜活农产品价格波动的分析与思考 [J]．农产品市场周刊，2011（44）．

第八章

蔬菜与其他鲜活农产品价格风险度量和评估分析

近年来，我国蔬菜价格波动较为频繁，引发多方关注。价格频繁剧烈波动，往往伴随着风险的增加，意味着效率福利出现损失。笔者在收集整理典型蔬菜以及鲜活农产品多年价格序列的基础上，运用核密度方法，度量和评估相关产品价格风险，探索归纳不同产品的价格风险特征。

第一节　农产品价格风险的相关研究进展

农产品市场风险通常指价格波动风险，是在农产品从生产到流通，并最终完成交易的过程中，由价格波动引起的生产者收益和消费者支出的不确定性。近年来，随着市场经济的深入发展和国际贸易的不断扩大，我国鲜活农产品价格波动越发频繁剧烈，一些农产品价格大涨大跌，引起社会广泛关注，一时间，“猪元涨”“姜你军”“蒜你狠”等热词充斥网络。价格的频繁剧烈波动不仅给生产者和消费者带来了巨大损失，也给政府市场调控带来了极大压力。有效的管控价格风险，实现供需的基本均衡和价格的合理波动是鲜活农产品市场调控的重要目标，这也对鲜活农产品市场调控提出了更高要求。

全面科学地测度价格风险是进行鲜活农产品市场风险管理的基础，国内外学者对此进行了深入探讨。国外研究主要集中在从宏观政策供给和微观农场管理两个层次有效开展风险管控，风险评价相对较少。国内研究由早期的价格风险概念界定、原因分析、特征归纳和对策研究等定性分析，扩展到对价格风险进行测量评价的定量分析。近年来，国内一些学者将金融市场风险评价的方法引入农产品市场领域，借助风险价值方法（value at risk，简称“VaR”方法）计算产品价格波动率，选择常见概率分布函数，利用参数估计方法对粮食（徐磊、张峭，2011[1]）、蔬菜（王川、赵友森，2011[2]；李干琼等，2011[3]；张欣等，2014[4]）、水果（李干琼等，2012[5]；熊巍、祁春节，2013[6]）和畜产品（张峭等，2010[7]；易泽中等，2012[8]）等市场价格波动进行了拟合，对价格波动分布形态进行了讨论，测算出农产品市场的风险值；也有研究（李干琼等，2012）采用非参数估计的方法对价格波动风险进行了拟合，从而解除了参数估计对波动服从某一特定概率分布的假设。目前，农产品价格风险度量和评价研究已经取得了一定成果，但已有研究大多直接计算价格环比增长并进行分析，未对农产品价格进行充分处理，由于农产品价格存在明显的季节性等因素，可能导致价格风险被人为夸大或缩小。另一方面，已有分析虽然可以较好地反映价格波动的短期风险，但是对价格波动的长期风险讨论仍然较少。

综合已有研究，本文将选择常见的蔬菜、肉类、禽蛋、水果等鲜活农产品价格作为研究对象，在对各种产品价格数据进行整理分解的基础上，采用核密度估计方法拟合价格短期和长期波动的概率分布，分别对价格短期和长期波动进行测算，计算发生不同价格波动的概率大小，总结各种产品价格波动的特征，实现对鲜活农产品价格风险的度量和评价。

第二节　数据处理与研究方法介绍

笔者收集整理了近10年主要蔬菜、肉类、禽蛋、水果的月度价格数据，在对数据进行计算处理的基础上，构建时间序列分析模型，以度量和评估各种产品的价格风险。

一、数据来源与处理

鲜活农产品主要包括蔬菜、肉类、禽蛋、水果、奶类等，各类产品又包含若干品种。本文收集整理了大白菜、油菜、马铃薯、番茄、猪肉、牛肉、羊肉、鸡蛋和苹果9种常见鲜活农产品从2006年1月至2015年6月共114个月的价格，数据均来自商务部市场价格监测。在所选蔬菜中，大白菜、油菜为典型叶类菜，马铃薯为典型根茎类菜，番茄为典型瓜果类菜。此外，2014年10月后的牛肉、羊肉价格数据缺失，2006年的苹果价格数据缺失。

考虑到通胀因素可能使货币购买力产生较大变化，首先利用居民消费者价格指数（CPI）计算各种产品的实际价格，然后进一步采用价格分解法和H-P滤波法，消除价格的季节性波动，避免在利用价格环比数据进行分析时，造成分析的偏差。

借鉴已有研究，在对数据完成上述处理之后，计算价格增长率（环比）和相对随机价格波动值，分别对短期和长期价格波动风险进行分析。

价格增长率（环比）计算公式为：

$$p_v = (p_t - p_{t-1})/p_{t-1} \times 100\% \tag{8-1}$$

其中，p_t 表示第 t 期（月）季节调整后价格，p_{t-1} 表示其前一期（月）季节调整后价格；

相对随机波动值计算公式为：

$$PRSV = p_r/p_{trend} \times 100\% \tag{8-2}$$

其中，p_{trend} 表示调整后价格趋势因素，p_r 表示除趋势因素外其他因素。

二、研究方法介绍

1. 季节分解法和H-P滤波法　为消除价格的季节性因素，采用季节分解法和H-P滤波法进行处理。通常将价格序列分解为趋势、季节、循环和随机波动，根据各种波动的相互关系，又可以分为加法模型和乘法模型。具体处理时，采用美国商务部国势普查局（Bureau of Census，Department of Commerce）开发的X-12方法，选择加法模型，将计算的实际价格分解得到“趋势＋周期”序列、季节波动序列、随机波动序列。进一步采用H-P滤波法对“趋势＋周期”序列进行分解，分解得到趋势波动 p_{trend} 。在H-P滤波法中，选用14 400作为权重[9]，数据处理分析过程使用Eviews 8.0软件得到。

2. 核密度估计方法　运用核密度估计可以依据某一样本情况估计总体分布概率，在价格风险度量和评价分析中，可以对价格波动分布的特征、形态给予较为全面的描述，从而得到广泛的应用。

设 $X_1, X_2, \cdots X_n$ 为计算得到的鲜活农产品价格增长率（环比）或相对价格波动值，一般认为 $X_1, X_2, \cdots X_n$ 是独立同分布的一组样本，其总体 X 具有未知的密度函数 $f(x), x \in R$ ，则

$$\hat{f}_h(x) = \frac{1}{nh}\sum_{i=1}^{n} K(\frac{x - X_i}{h}) \tag{8-3}$$

式中的 $K(\cdot)$ 称为核函数（Kernel function），核函数有多种形式，包括均匀函数、高斯函数等。它通常满足对称性 $K(u) = K(-u)$ ，以及 $\int K(u)du = 1$ 。在给定样本之后，特别是当 n 较大时，核函数的选择对估计结果影响不大，估计效果的关键在于窗宽的选择。分析时，本文采用常用的高斯函数作为核函数。

理论上选择最优窗宽是从密度估计与真实密度之间的误差开始的。由于分布密度是连续的，因而通常在积分均方误差MISE（Mean Integral Square Error）或大样本的渐近积分均方误差AMISE（Asymptotic Integral Mean Square Error）意义下，求得最优窗宽[10][11]。实际应用中，最优窗宽计算包括拇指法（rule of thumb）、交叉验证法（cross validation）和插入法（Plug-in method），其中应用较为广泛的主要是交叉验证法和插入法。两者各有优劣，插入法往往容易造成过度平滑的问题；而交叉验证法根据LSCV（Least squares cross validation）最小法则计算得出，所得窗宽对应了LSCV函数的最小值。实践中，交叉验证法计算的最优窗宽一般不存在过度平滑的问题，但是又容易走向反面，使得拟合曲线过度陡峭。多数情况下，学者推荐采用插入法计算最优窗宽[12]。本文在分析时，分别采用交叉验证法和插入法计算最优窗宽，并加以比较，在两种方法计算的最优窗宽对应的LSCV值相差不大时，采用插入法计算最优窗宽。

第三节　实证分析结果与结论

基于计算得到的价格波动序列，利用核密度估计方法，选择适合的窗宽，对波动的概率分布进行拟合，从而对价格风险进行度量和评价。

一、短期价格风险分析

分别采用交叉验证法和插入法计算最优窗宽，并对比两种方法的计算结果和所对应的LSCV函数值（表8-1）。从结果看，两种方法所计算的窗宽有所差异，但所得窗宽对应的LSCV值较为接近（图8-1），因此，采用多数学者推荐的插入法计算平滑参数进行拟合。

表 8-1　价格增长率（环比）的最优窗宽计算

方法	大白菜	马铃薯	番茄	油菜	猪肉	牛肉	羊肉	鸡蛋	苹果
插入法	6.34	1.58	3.49	4.53	1.33	0.38	0.45	0.72	1.14
交叉验证法	7.61	1.86	3.81	5.17	1.54	0.45	0.53	0.74	1.39

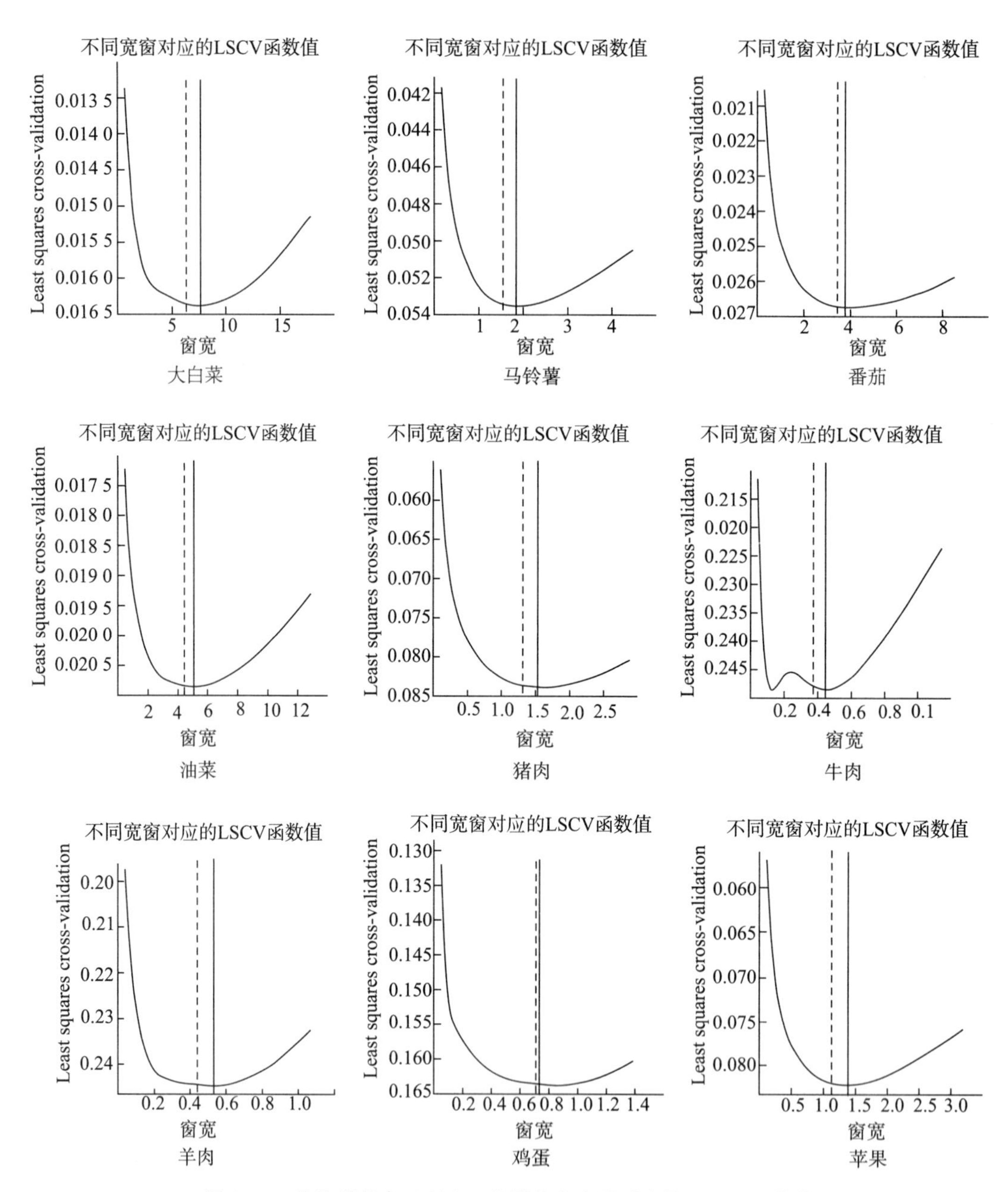

图 8-1　价格增长率（环比）的最优窗宽及对应的 LSCV 函数值

（注：图中虚线为插入法计算的最优窗宽，实线为交叉验证法计算的最优窗宽。）

在确定了核函数形式和最优窗宽后，可以得到短期价格波动的概率分布曲线（图 8 - 2），并计算不同价格波动区间的概率大小（表 8 - 2），相关计算使用 R 语言软件完成。

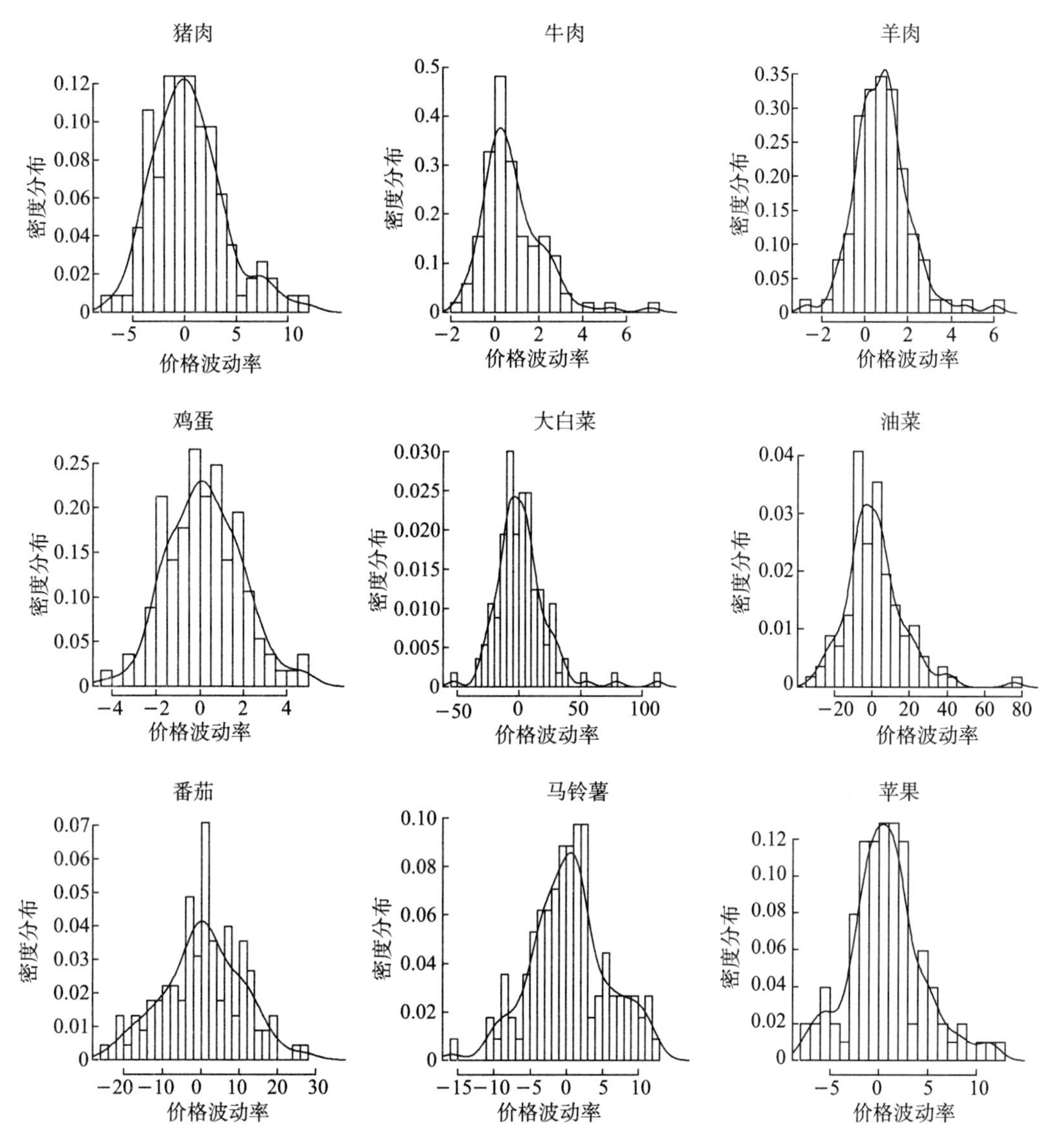

图 8 - 2　鲜活农产品价格短期波动密度函数拟合曲线

表 8 - 2　鲜活农产品不同价格增长率对应的发生概率

区间	<−20%	[−20%,−10%]	[−10%,−5%]	[−5%,0]	[0,5%]	[5%,10%]	[10%,20%]	>20%
猪肉	0	0	0.05	0.44	0.40	0.09	0.02	0
牛肉	0	0	0	0.29	0.69	0.02	0	0
羊肉	0	0	0	0.27	0.72	0.01	0	0
鸡蛋	0	0	0	0.45	0.54	0.01	0	0

（续）

区间	<-20%	[-20%,-10%]	[-10%,-5%]	[-5%,0]	[0,5%]	[5%,10%]	[10%,20%]	>20%
油菜	0.07	0.14	0.14	0.16	0.15	0.11	0.13	0.11
大白菜	0.11	0.16	0.11	0.12	0.11	0.10	0.13	0.15
番茄	0.03	0.13	0.12	0.19	0.19	0.14	0.16	0.03
马铃薯	0	0.03	0.12	0.33	0.32	0.14	0.06	0
苹果	0	0	0.07	0.36	0.45	0.10	0.03	0

从各种产品密度函数的拟合曲线可以看出，牛肉、羊肉价格波动率呈现较为明显的正偏态分布特征，即分布高峰向左侧偏移，长尾向右侧延伸；苹果价格波动率也呈现一定的正偏态分布特征；其他产品价格波动率分布大体对称。

从价格波动发生概率看，牛肉、羊肉价格短期上涨概率显著大于价格短期下跌概率，其他产品价格短期上涨和下跌的概率基本相同。所有产品中，肉类（猪肉、牛肉、羊肉）和苹果价格短期波动较为平稳，其波动幅度基本集中在上涨或下跌5%的范围内，特别是牛肉、羊肉价格波动超过5%的概率均低于0.05；而蔬菜类（大白菜、油菜、番茄、马铃薯）价格波动较为剧烈，价格上涨或下跌超过20%较为普遍。几种蔬菜中，马铃薯价格短期波动相对较小，其价格波动基本保持在上涨或下跌10%的范围内，而大白菜、油菜价格波动较为剧烈，价格上涨或下跌超过20%的概率在0.2左右。

据此判断，几类产品中，肉类、禽蛋、水果价格短期波动风险较小，猪肉价格短期波动风险要略大于牛肉和羊肉，蔬菜价格短期波动最为剧烈，其中又以易腐烂、难储藏的大白菜、油菜这类叶类菜波动最为剧烈。直观判断，价格波动剧烈程度与产品贮存难度有一定关联。肉类产品较耐贮存，且已经形成了相当规模的加工产业，通过贮存和加工转化，可以在一定程度上消化生产过剩时的市场供应，缓解价格剧烈下跌；供应不足时，可以通过冻储肉供应缓解价格上涨。而蔬菜，特别是叶类菜贮存难度大，食鲜消费要求高，因此一旦出现市场供需不均衡，价格将面临巨大波动，价格风险明显高于其他产品。此外，几种产品的价格波动并不都是对称的，牛肉、羊肉价格短期上涨概率要显著大于价格下跌概率。

二、长期价格波动分析

对于计算得到的相对随机波动率，采用相同方法进行分析。在对比了插入法和交叉验证计算的最优窗宽及其LSCV函数值后（图8-3，图8-4），同样选择插入法计算的窗宽进行核密度估计（表8-3，表8-4）。

表8-3 相对价格波动值的最优窗宽计算

方法	猪肉	牛肉	羊肉	鸡蛋	油菜	大白菜	马铃薯	番茄	苹果
插入法	3.69	1.25	1.04	1.33	4.60	5.37	4.48	4.13	1.67
交叉验证法	4.21	1.29	0.61	1.33	5.59	5.29	5.31	4.22	0.53

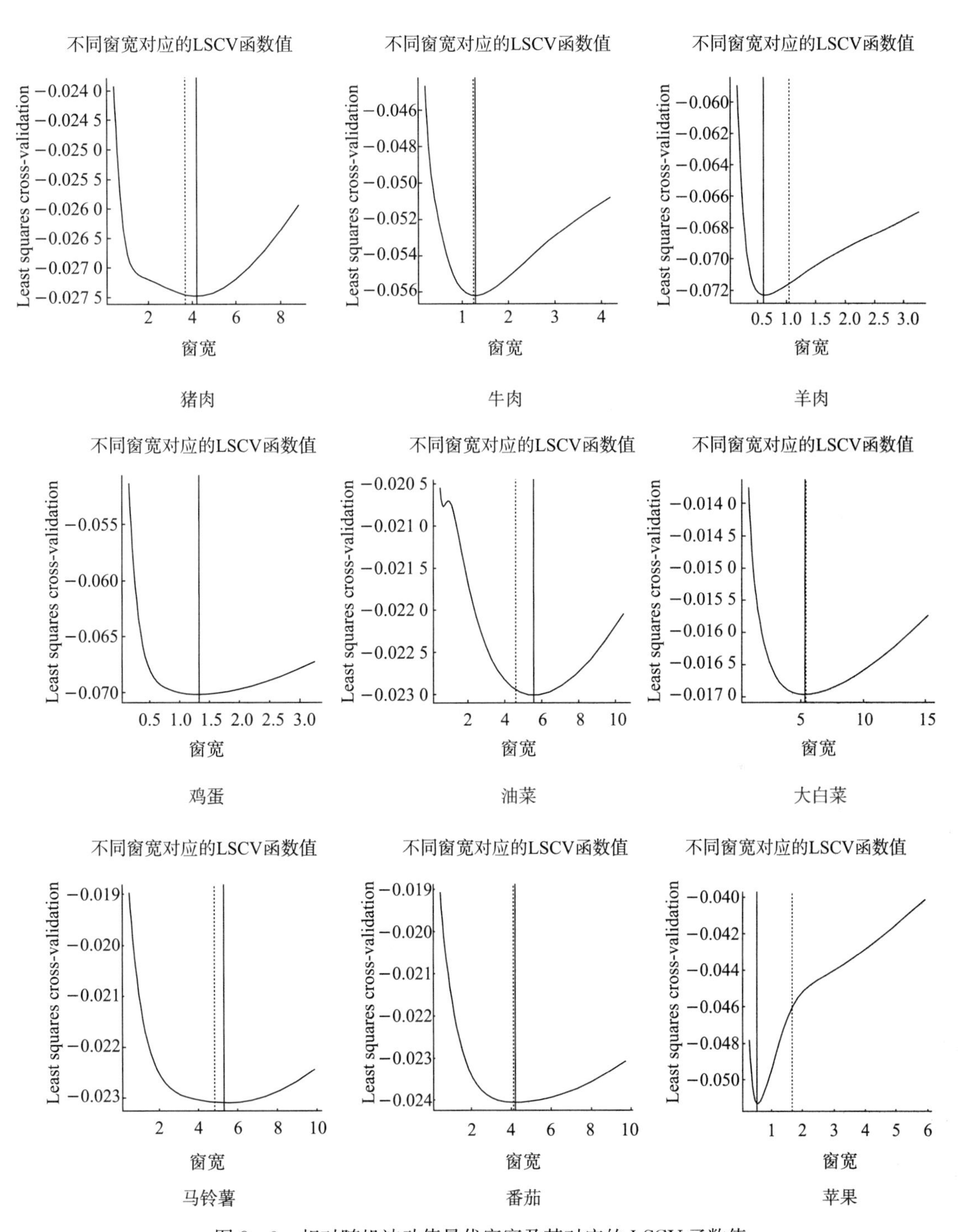

图 8-3　相对随机波动值最优窗宽及其对应的 LSCV 函数值

（注：图中虚线对应插入法计算的最优窗宽，实线对应交叉验证法计算的最优窗宽）

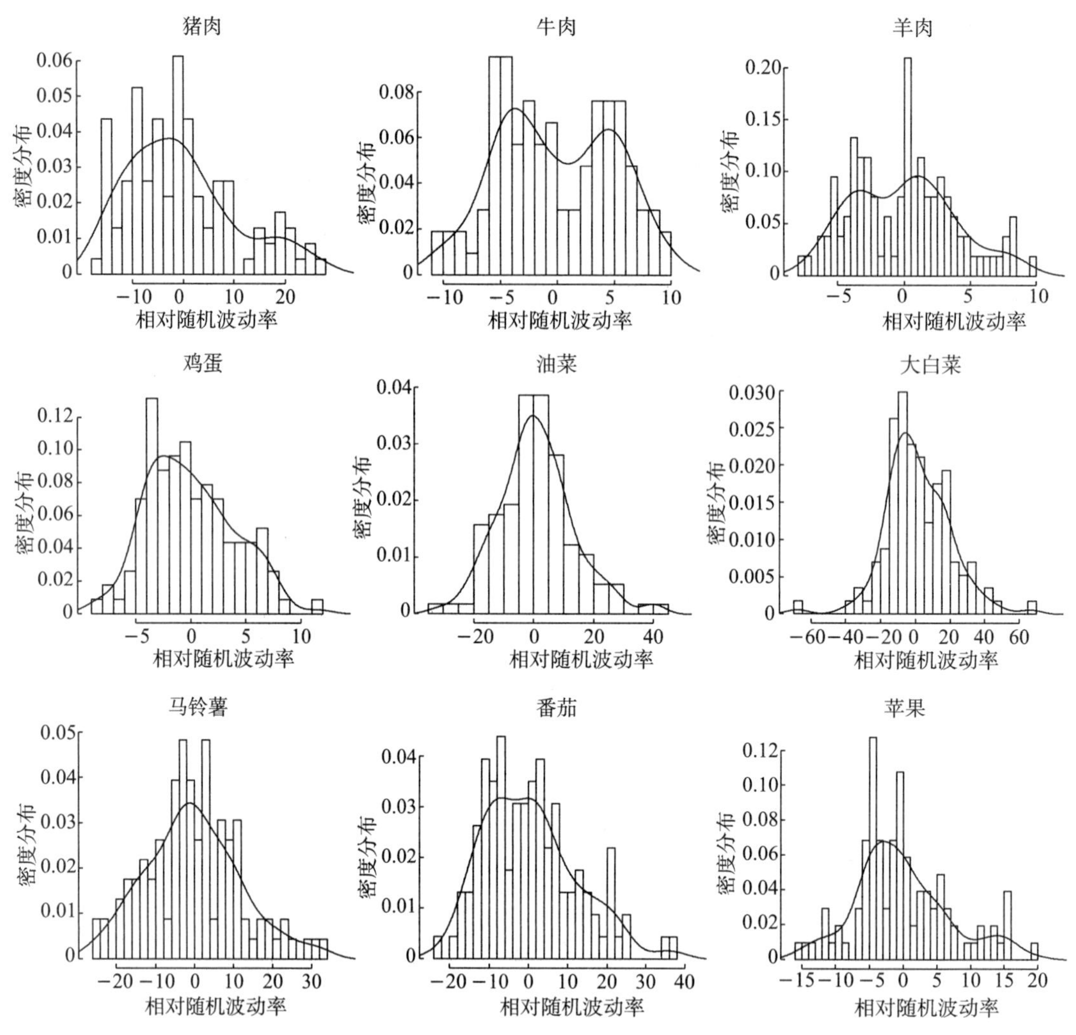

图 8-4　鲜活农产品价格长期波动分布拟合曲线

表 8-4　鲜活农产品不同相对价格波动值水平对应的发生概率

区间	<−20%	[−20%,−10%]	[−10%,−5%]	[−5%,0]	[0,5%]	[5%,10%]	[10%,20%]	>20%
猪肉	0.01	0.19	0.18	0.19	0.16	0.09	0.11	0.06
牛肉	0	0.02	0.16	0.34	0.28	0.19	0.01	0
羊肉	0	0	0.10	0.50	0.39	0.01	0	0
鸡蛋	0	0	0.10	0.44	0.32	0.13	0.01	0
油菜	0.06	0.15	0.13	0.16	0.16	0.13	0.14	0.05
大白菜	0.12	0.18	0.12	0.12	0.10	0.09	0.15	0.08
番茄	0.02	0.19	0.16	0.16	0.15	0.11	0.13	0.06
马铃薯	0.06	0.17	0.13	0.16	0.15	0.12	0.13	0.05
苹果	0	0.07	0.16	0.34	0.22	0.10	0.10	0

从各种产品的相对随机波动值密度函数的拟合曲线可以看出，牛肉、羊肉的价格波动具有双峰特征，且峰值大体对应在上涨和下跌5%的波动水平附近；猪肉、鸡蛋、番茄、苹果的价格波动具有较为明显的正偏态分布特征，价格偏低的概率略大于价格偏高的概率；油菜、马铃薯的价格波动大体呈现对称分布。

从价格波动发生概率看，蔬菜价格偏离价格长期趋势的幅度大于其他产品，表明蔬菜价格长期波动风险仍然高于肉类、禽蛋和水果，且叶类菜（大白菜、油菜）价格偏离的程度明显高于根类菜和瓜果类菜。肉类中，猪肉价格长期波动偏离趋势因素超过10%的概率达到0.37，而牛肉、羊肉价格偏离长期趋势10%的概率均低于0.05，表明猪肉价格长期波动风险要明显高于牛肉和羊肉。几种产品中，鸡蛋价格长期波动风险较小，绝大多数情况下，其价格长期波动将位于预期价格10%的范围内。

综合来看，蔬菜价格长期风险仍然高于其他产品；肉类、水果价格长期风险较短期价格风险有所增强，特别是猪肉价格长期风险较为显著。分析认为，相对于蔬菜等产品而言，肉类和水果价格波动持续上涨或下跌的特点明显。以牛肉和油菜为例，牛肉价格波动率2007年4月至2008年2月持续上涨11个月，2011年3月至2013年3月更是连续增长25个月，而油菜价格波动连续同向变动一般不超过3个月，最长的连续波动发生在2013年9月至2014年1月，持续下跌5个月。由此可见，肉类价格风险具有明显的累积特征，即短期波动较小，但连续上涨明显；而蔬菜价格波动交叉变化明显，大涨大跌频繁。这也提示我们对不同产品的价格风险应采用不同的分析方法，并采取有针对性的措施。对于肉类价格而言，若采用环比增长率无法完整描述其真实价格风险，原因可能在于其价格经常发生持续性同向波动，风险将不断累积，因此，生产和需求的长期预测更为重要。相比较而言，蔬菜价格短期波动剧烈，实时监测预警更为重要。

三、小结

通过研究，对几种鲜活农产品价格风险进行了度量和评价，描述了各种产品价格的短期和长期波动形态特征，并进行了对比。主要研究结论包括：蔬菜价格的短期和长期风险均明显高于其他产品，其中以不耐贮存的叶类菜风险最为明显；肉类价格短期风险较高，长期风险相对较低，且短期波动价格上涨概率大于下跌概率，肉类价格风险具有明显的累计特点。

所得结论为鲜活农产品市场调控和风险管理工作提供了一些启发。结合当前我国鲜活农产品市场调控现状，本文提出以下建议：一方面，应健全鲜活农产品市场调控机制，特别要加强蔬菜市场调控机制的构建，降低鲜活农产品的价格风险，进一步完善健全市场调控机制，通过收储、保险、补贴等多种手段，及时调节生产供应情况，保障市场供需基本均衡，确保市场价格基本稳定。在几种鲜活农产品中，蔬菜价格风险明显高于其他产品，且目前蔬菜市场调控机制相对缺乏，尚未形成常态化的调控机制，今后应重点加强蔬菜市场调控机制的构建和完善。另一方面，应积极开展市场供需展望和预测，促进鲜活农产品生产供应引导。研究发现，鲜活农产品价格长期风险水平较高，表明在市场运行中，实际价格偏离运行趋势幅度较大。究其原因，与生产反应滞后和市场信号缓慢有关，因此，加强市场供需的展望和预测至关重要，同时，更要结合市场变化及时对展望和预测进行调整，通过相关动态信息发布，及时引导生产供应，避免生产惯性导致市场价格剧烈波动。

参考文献

[1] 徐磊，张峭. 国际粮食市场价格风险评估研究 [J]. 中国农业大学学报，2011，16（4）：158-163.

[2] 王川，赵友森. 基于风险价值法的蔬菜市场风险度量与评估——以北京蔬菜批发市场为例 [J]. 中国农村观察，2011（4）：45-54.

[3] 李干琼，许世卫，孙益国，等. 中国蔬菜市场价格短期波动与风险评估 [J]. 中国农业科学，2011，44（7）：1502-1511.

[4] 张欣，张润清，王健. 河北省农户蔬菜市场价格风险评估 [J]. 北方园艺，2014（7）：193-196.

[5] 李干琼，许世卫，李哲敏，等. 基于非参数核密度估计的中国水果市场收益率分布研究 [J]. 统计与决策，2012，355（7）：97-100.

[6] 熊巍，祁春节. 基于 VaR 的果蔬农产品价格的风险度量 [J]. 统计与决策，2013，393（21）：126-130.

[7] 张峭，王川，王克. 我国畜产品市场价格风险度量与分析 [J]. 经济问题，2010（3）：90-94.

[8] 易泽忠，高阳，郭时印，等. 我国生猪市场价格风险评价及实证分析 [J]. 农业经济问题，2012（4）：22-29.

[9] 易丹辉. 数据分析与 Eviews 应用 [M]. 北京：中国人民大学出版社，2008：98-119.

[10] Sheather，S. J，Jones，M. C. A reliable data-based bandwidth selection method for kernel density estimation [J]. Journal of the Royal Statistical Society. Series B（Methodological），1991，53（3）：683-690.

[11] Adrian G. Bors，Nikolaos Nasios. Kernel Bandwidth Estimation for Nonparametric Modeling [J]. Systems，Man and Cybernetics，2009，39（6）：1 543-1 555.

[12] Simon J. Sheather. Density estimation [J]. Statistics Science，2004，19（4）：588-597.

第九章

我国蔬菜市场价格非对称传导原因分析

在农产品价格研究中，非对称传导问题是近年来国内外关注的焦点与热点。近几年，我国蔬菜价格波动频繁，并且时常发生“涨得快、跌得慢”和“两头叫、中间笑”的情况，甚至出现产地价跌破成本而零售价居高不下的现象，引起多方关注。价格是市场供需双方在交易中相互博弈的结果，价格传导关系着不同产业、同一产业链条上下游相关主体的收益，非对称传导容易导致收益分配的不均等，甚至不公平等问题[1]。作为居民生活的基本消费品，蔬菜价格一头连着市民，一头连着农民，出现非对称传导，特别是零售端易涨、生产端易跌的情况，不仅不利于改善市民生活，还会挤占农民获利空间，造成社会总体福利的损失，更可能抵消、扭曲政府的市场调控措施，给宏观调控带来困扰。笔者在梳理价格非对称传导相关理论的基础上，结合我国城镇化发展、蔬菜产业和市场环境特点，对蔬菜价格非对称传导及其与相关因素的逻辑关联进行系统分析。

第一节　农产品价格非对称传导的相关理论

所谓价格非对称传导（Asymmetric Price Transmission），通常是指价格或相互关联的价格之间，在运行中发生方向、幅度、速度等方面不同反应的现象。对蔬菜、肉类、奶等农产品市场价格的分析检验发现，多数农产品价格存在非对称传导。有学者通过统计分析，发现国内蔬菜市场不同环节价格之间在波动幅度、反应时间、响应速度等方面存在着较为显著的非对称传导[2]。对于价格非对称传导的原因，学者主要基于市场力量、菜单成本、信息不对称、政策干预、产品特性等进行了分析。

市场力量理论从市场结构入手，认为在非完全竞争市场中，市场主体可以借助市场力量，影响价格形成与传导。布朗（2000）认为寡头企业间存在合谋，为避免单独行动而受到惩罚，企业不愿率先降价，从而引起价格正非对称传导。Borenstein. S. et al（1997）认为搜寻成本较高可能使卖方获得垄断地位，导致价格非对称传导[3]。高扬（2011）认为市场竞争程度直接影响定价时的力量对比，我国蔬菜市场不同环节竞争程度不同，引起价格非对称传导。

菜单成本理论认为供给调整方向或环节不同，成本存在差异，会引起价格非对称传导。Bailey. et al（1989）认为美国牛肉市场各环节固定成本存在差异，固定成本较高环节的经营主体可能为保持生产能力而选择降低利润，导致价格负非对称传导[4]。Sam Peltzman. et al（2000）认为增加投入将产生搜索成本，并引起溢价；而减少投入较为简单，会导致正非对称传导[5]。对于菜单成本究竟会引起何种类型的价格非对称传导，目前尚无统一结论。

信息不对称指在经济社会活动中，不同主体获取的信息数量、准确性和难易程度不同。Bailey. et al（1989）认为大企业在信息收集中更具优势，会导致价格不对称调整。国内学者大多认为信息不对称是造成蔬菜等鲜活农产品价格非对称传导的原因。马晓春（2015）分析认为，信息不对称的存在是导致鲜活农产品市场卖难滞销的重要原因[6]。刘博（2014）发现，在“农超对接”中，农户与收购商信息获取能力不同，双方议价能力也有差异[7]。

除上述原因外，政策干预、产品特性也有可能引起价格非对称传导。政府对粮食、肉类等重要农产品的价格干预会影响市场主体的价格预期和行为决策，从而引起价格非对称传导。由于鲜活农产品易腐难存，使得农户在流通与交易中处于不利地位，从而导致其价格非对称传导。有研究发现，越是易腐难存的农产品越是容易出现价格非对称传导[8]。

第二节　我国蔬菜价格非对称传导的具体分析

前述理论为价格非对称传导提供了多种视角和思路，有学者利用相关理论对我国蔬菜市场价格进行了分析。下文将结合我国经济社会发展大环境及蔬菜产业发展、市场流通实际，挖掘相关原因背后的影响因素和逻辑关联，从而总结形成综合分析框架。

一、对我国蔬菜价格非对称传导的讨论

笔者系统分析了我国蔬菜生产与流通的基本现状，深入讨论了城镇化对蔬菜生产与流通的影响，结合蔬菜生产、流通、消费的独特属性，构建了蔬菜价格非对称传导的理论模型（图 9-1）。

1. 松散小农户与大市场对接是引发市场势力的主因　在我国，小农户对接大市场是蔬菜等鲜活农产品流通的基本特征。我国农业属于典型的东亚小农类型，生产具有小、弱、散的特点[9]。农户以家庭为单位组织经营，可支配的劳动、资本有限，特别是近年来农村空心化和劳动力老龄化加深，其参与市场流通的精力、体力和能力等均存在不足。不仅如此，我国农户组织化程度较低。根据农业农村部的统计，截至 2018 年 2 月，全国依法登记的农民专业合作社有 204.4 万家，入社农户约 1.18 亿户，占全国农户总数的 48.1%，尚有半数农户未加入合作社。特别是我国的农业合作社多数在较小地域内自发发展，缺少自上而下系统的制度安排，实力与功能较为有限。与小农户生产对应的是覆盖十亿名消费者和数亿吨蔬菜消费量的大市场，尽管流通环节存在着数以百万计的中间商，但对比之后就会发现，蔬菜生产、流通、消费主体数量呈沙漏形，生产者、消费者数量远大于中间商，中间商在交易中拥有更多选择，居于优势地位。

2. 产销分隔的流通格局导致了严重的信息不对称　蔬菜消费具有常年性、多样性的特征，生产则具有季节性、区域性特征，要满足均衡消费，客观上要求广域流通。而在城镇化、工业化进程中，大量人口涌入城镇和非农部门，使得消费向城市集中；蔬菜种植则

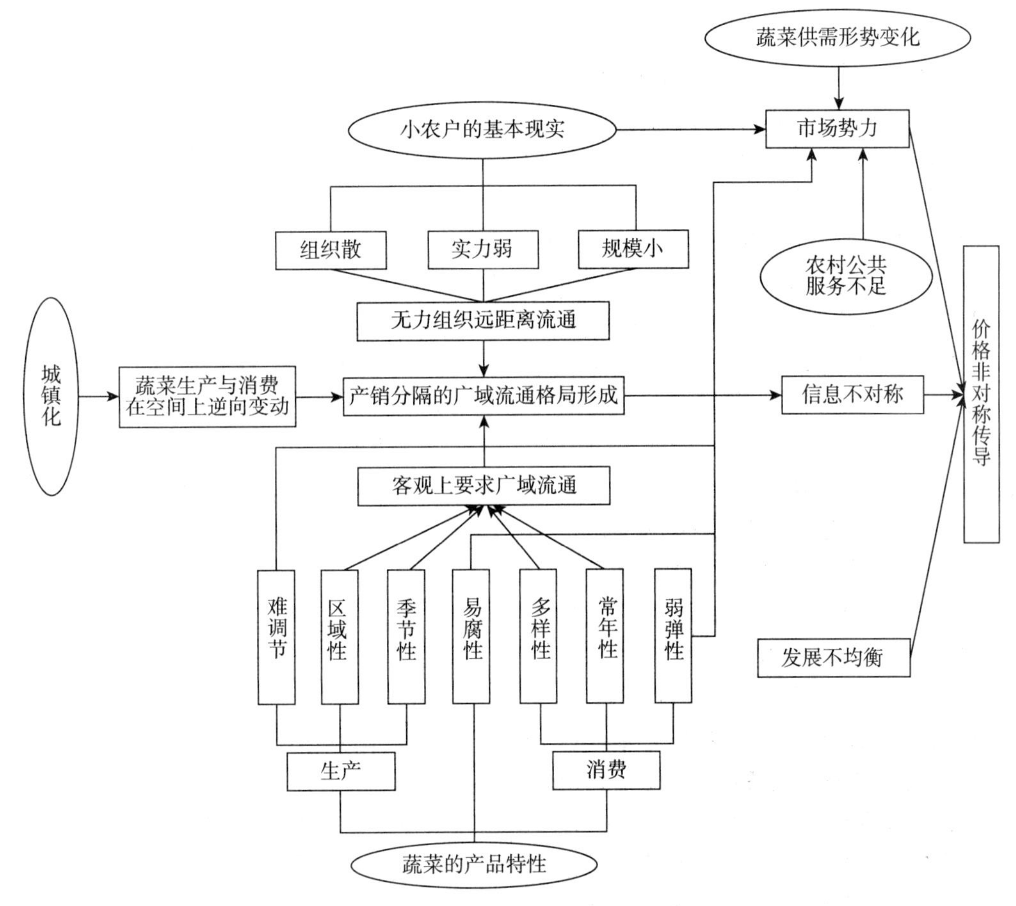

图 9-1　我国蔬菜市场价格非对称传导原因分析

由城市近郊向远郊和农区转移，蔬菜产销两地在空间上逆向变动进一步促成广域流通格局的形成[10]。流通距离的加大推高了蔬菜流通成本，需要通过大量集散提升流通效率，“生产—批发—零售”的多层级流通格局相伴而生，生产者与消费者则被分隔在批发环节两端。在这一流通格局下，蔬菜供给来源广、流经环节多、市场变化快，信息采集、分析的要求和难度大幅增加。小农户由于较难参与流通，基本远离了终端市场，难以及时准确获取瞬息万变的市场信息。中间商、零售商则在常年的交易活动中积累了丰富的经验和信息，形成了稳定的信息渠道，可以较为有效地把握市场变化。巨大的信息鸿沟也是导致价格非对称传导的重要原因。

3. 供给日益充裕强化了市场上买方的优势地位　在供给短缺的情况下，卖方在市场交易中占据优势地位，随着供给改善，这种优势逐渐削弱，买方在交易中的地位逐渐提高。限于技术和制度因素，我国蔬菜供给曾长期处于短缺状态。改革开放以来，特别是“菜篮子”工程实施以来，我国蔬菜播种面积、产量不断增长。据统计，2018 年我国蔬菜播种面积达到 3 亿亩，产量超过 7 亿吨，人均蔬菜占有量近 500 千克，居世界首位。近年来，我国蔬菜市场早已摆脱短缺状态，供给总体充裕，种类日益丰富，均衡供应基本实现，产业发展正处于品种调整、质量提升、区域优化阶段。供给的显著改善，使得买方在交易中越来越占据主动地位。

4. 蔬菜产品的特殊属性强化了中间商对市场的影响 蔬菜生产具有周期长、不可逆的特征，供给缺乏弹性。这意味着即便面临或出现供过于求的局面，农户也基本无计可施，只能接受既定产量。作为居民日常生活的必需品，蔬菜的需求价格弹性较小，消费受价格波动影响相对较弱。生产与消费均缺乏弹性，不易调整，而中间商由于可以选择采购量与价格，拥有较大的策略空间，占据着较为主动的市场地位。此外，蔬菜等鲜活农产品易腐难存，自然条件下大多仅能储存十几天甚至几天，产出后必须立马上市，达成交易的搜寻和谈判时间相对有限，进一步使得农户在市场交易中处于不利地位。

5. 城乡、区域发展不均衡为价格非对称传导提供了空间 在我国经济增长中，发展的不均衡问题较为突出。在城镇化、工业化进程中，城镇、非农业部门聚集了大量资金、人才，处于领先位置。城乡、产业之间在发展中存在着明显差距，城镇居民的收入水平明显高于农村居民，非农部门利润要高于农业部门。据统计，2018 年我国城镇居民人均可支配收入为 3.92 万元，农村居民人均纯收入为 1.46 万元，两者之比约为 2.69∶1。蔬菜消费主要集中在城镇，城镇较高的收入与经营成本支撑了蔬菜零售价格；而蔬菜生产主要分布在农村，其价格在很大程度上反映着农业利润水平和农村收入水平。蔬菜零售价格与生产价格在水平与波动中的差异，体现了城乡的发展差距和农业与非农业部门的利润差异，凸显了蔬菜生产与销售两个环节在效率、投入和成本上的差别。城乡、产业之间在经济发展中的巨大差异，也在客观上为价格非对称传导提供了空间。

6. 农业农村公共服务不足加剧了小农户的劣势地位 相对于城镇而言，我国农业农村公共服务明显不足，农产品市场流通基础设施和服务仍相对滞后。在商务部对 800 多家农产品批发市场的调查中，有 17 家未设交易棚（厅）、252 家未置信息中心、270 家未建冷库，仅 39 家有标准化销售专区，占比不足 5%[11]。不仅如此，在市场体系建设中，还长期存在着“重城市、轻乡村”和“重销地、轻产地”的倾向。近年来，我国城市蔬菜零售网点逐步织密，市民消费的便利性和舒适性明显提高，批发市场设施功能也逐步提升。但与此同时，产地的田头市场数量严重不足，设施简陋、功能单一的局面仍未得到有效改善，特别是冷藏保鲜、分拣分级、初加工设施装备和技术应用滞后，“最初一公里”成为制约蔬菜等鲜活产品流通的短板。

综合来看，我国蔬菜市场价格非对称传导的原因是多方面的，与我国农业农村的客观现实密切关联，也受到城镇化、工业化发展的影响，还与相关政策不足、错位有关。小农户生产、城镇化进程、产品特性，以及由此形成的广域、多层级流通是导致蔬菜价格非对称传导的重要方面，城乡、区域之间经济发展的巨大差异则为价格非对称传导提供了空间。

第三节 相关结论与政策建议

基于上述分析，解决蔬菜价格非对称传导问题，需要从制度、技术等方面综合施策，关键是解决小农户对接大市场的矛盾，改变产销分隔的流通格局。此外，还要通过市场建设和技术应用缓解蔬菜易腐难存问题，并有针对性地开展市场调控，确保价格平稳运行。

实现小生产与大市场对接，一方面，要积极培育龙头企业、家庭农场等新型经营主体，促使龙头企业等新型经营主体与小农户建立紧密的利益联结机制，发挥其辐射带动作用。另一方面，更要大力发展农民专业合作社，通过组织化、专业化，推动小农户联合经营，增强生产供给能力，完善单个个体无法完成的功能，帮助农户直接参与流通，对接有效市场需求。目前，我国多数农民专业合作社发展还处于自发状态，呈现规模小、功能弱的特征，相互间更多地表现为市场竞争关系，缺少更高层次上的合作和自上而下的制度机制设计。因此，需要加强顶层设计，在更高的水平和层次上实现合作，在发展中进一步探索完善农民专业合作社发展的制度和机制。

深入推进供给侧结构性改革，从关注蔬菜数量增长转向质量提升、绿色生产、品牌建设。积极借助价格保险等手段，稳定农户种植收益，进而逐步稳定蔬菜种植规模。布局蔬菜产业发展规划，调整品种生产结构，优化产地空间布局，形成相对稳定、有序、均衡的供需格局。要解决蔬菜流通中信息不对称的问题，强化市场信息服务，健全完善农产品市场信息监测体系与机制，进一步整合农业、气象、发改、商务等部门的信息，加强部门间的协调沟通。积极利用互联网、大数据等技术手段，做好市场供需与价格运行的分析研判，不断拓展信息采集与应用范围，并及时向市场提供准确有效的信息服务。

除此之外，还需要加强市场体系建设，通过技术手段延长蔬菜上市期，降低田头生产损耗，改善农户在市场交易中的劣势地位。在市场建设中，要统筹考虑，更要抓住薄弱环节，重点加强产地市场建设，强化田头冷藏保鲜、分拣分级、初加工设施建设和技术推广应用，并对农户使用相关设施给予优惠与支持。着力打通农产品进入市场第一环，解决“最初一公里”的问题。要积极创新流通方式，借助电子商务、“互联网＋”等新兴业态，逐步减少流通环节，推动产销顺畅衔接。完善蔬菜等鲜活农产品的市场调控政策，对于耐储存的根类、茎类蔬菜，建立完善的应急储备制度，在价格较低时进行适当储备，动态投放或应急使用。运用农业保险等方式，降低农民在蔬菜生产中面临的自然和市场风险，减少市场波动，更好地保护农民的利益。

》》参考文献

[1] 于爱芝，杨敏．农产品价格波动非对称传递研究的回顾与展望［J］．华中农业大学学报（社会科学版），2018（3）：9-17.

[2] 刘婷．我国蔬菜批发与零售市场不对称价格传递的实证研究［D］．武汉：华中农业大学，2012.

[3] Borenstein S，Cameron A C，Gilbert R. Do Gasoline Prices Respond Asymmetrically to Crude Oil Price Changes［J］. Quarterly Jonrnal of Economics，1997（1）：305-339.

[4] Bailey，D. V.，Brorsen，B. W. Price asymmetry in spatial fed cattle markets［J］. Western Journal of Agricultural Economics，1989（2）：246-252.

[5] Sam Peltzman. Prices Rise Faster than They Fall［J］. Journal of Political Economy，2000（3）：466-502.

[6] 马晓春，宋莉莉．我国鲜活农产品滞销频发的原因及对策研究——以蔬菜、牛奶滞销为例［J］．当代经济管理，2015（9）：59-62.

[7] 刘博．“农超对接”参与主体的议价能力研究［D］．杨凌：西北农林科技大学，2014.
[8] 张晓敏，周应恒．基于易腐特性的农产品纵向关联市场间价格传递研究——以果蔬产品为例［J］．江西财经大学学报，2012（2）：78-85.
[9] 杜鹰．小农生产与农业现代化［J］．中国农村经济，2018（10）：2-6.
[10] 周应恒，卢凌霄，耿献辉．中国蔬菜产地变动与广域流通的展开［J］．中国流通经济，2007（5）：10-13.
[11] 洪岚，曹文昊．中国农产品批发市场结构分析［J］．商业经济研究，2016（4）：178-179.

贸 易 篇

第十章

我国蔬菜出口贸易的竞争力测算与变化分析

蔬菜是我国重要的出口农产品，在国际贸易中具有较强的竞争力，对于平衡农产品贸易发挥了重要作用。科学测定我国蔬菜出口竞争力及其变化，对准确掌握我国蔬菜贸易趋势，发现蔬菜贸易中的优势与劣势，有效制定贸易策略，促进贸易持续稳定增长和产业健康发展具有重要意义。为此，笔者利用近20年来联合国贸易数据库蔬菜进出口数据，测算了国际市场占有率、贸易竞争力指数、显示性竞争比较优势指数，并分类型和品种测算了蔬菜出口竞争力及变化。

第一节　我国蔬菜出口竞争力相关研究进展

蔬菜是我国最主要的出口农产品之一，在农产品贸易中占有重要地位。近年来，特别是加入世界贸易组织以来，我国农业发展和农产品贸易的内外环境均发生了深刻变化，农产品贸易渠道不断拓展，贸易规模不断扩大，蔬菜进出口也出现较快增长，规模扩张明显。据统计，2001年我国蔬菜出口量为395万吨，2017年增至1 095万吨，出口额则由23.7亿美元增至155亿美元，分别增长1.8倍和5.5倍，成为世界最大的蔬菜生产国、消费国和贸易国。但近年来，我国蔬菜、水果、水产品等主要出口农产品出口增速放缓，进口快速增加，贸易顺差趋于下降，甚至转为逆差，引起广泛关注。贸易变化与产业、产品的国际竞争力密切相关，目前我国蔬菜出口的国际竞争力如何、近年有何变化，在很大程度上影响和决定着未来蔬菜贸易的发展。

学者很早就对出口的竞争力水平展开了深入讨论，并设计了多种指标，考察、反映产品的国际竞争力，相关指标包括国际市场占有率（Market Share）、贸易竞争力指数（Trade Competitive Power Index）、显示性比较优势指数（Revealed Comparative Advantage Index）、显示性竞争比较优势指数（Competitive Advantage Index）等。国内学者借助相关指标，对蔬菜等农产品的竞争力水平进行了深入分析。黄季焜、马恒运（2000）通过价格比较认为，当时我国除蔬菜、大米、水果等产品外，多数农产品在价格上不具优势[1]。安玉发等（2002）分析了中日贸易情况，认为我国蔬菜出口具有价格、区位等优势，但在多样性、品质、加工处理等方面存在制约[2]。冷杨等（2012）考察了2001—2012年我国蔬菜进出口走势，发现入世10年间，我国蔬菜贸易显著增长，市场趋于多元，出口结构得到优化[3]。赵海燕、何忠伟（2013）利用联合国粮食及农业组织贸易数据，分析我国蔬菜国际竞争力演化路径，发现我国蔬菜产业具有较强的国际竞争力，但总体有所下滑[4]。侯蕾、张吉国（2016）运用国际市场占有率、贸易竞争力指数和显示性比较优势等指标，测算我国蔬菜国际竞争力，也发现我国蔬菜出口竞争力表现出减弱态势[5]。张哲晰、穆月英（2015）对蔬菜贸易进行分类别、分国别讨论，发现我国蔬菜出口价格优势弱化，竞争力略有下降[6]。曾杨梅等（2016）利用联合国贸易数据，采用MS指数、TC指数、RCA指数、DTL指数等进行了深入探讨，发现我国食用菌出口在世界占有较大比重，具有较强竞争力，与日本贸易互补性较强，具有较大出口潜力[7]。

从已有研究看，学者对我国加入世界贸易组织后蔬菜总体及部分品种出口竞争力进行了测算，但对细分类型、品种蔬菜出口竞争力的测算相对较少，有必要进一步深入讨论。

第二节　数据来源与研究方法介绍

笔者收集整理了2002—2018年联合国贸易数据库蔬菜进出口数据，借助国际市场占有率、贸易竞争力指数、显示性竞争比较优势指数，测算蔬菜出口竞争力及变化。

一、数据来源

研究所使用的数据来源于联合国统计署的贸易数据库（UNCOMTRADE），按照海关编码协调制度（HS2002），所涉及蔬菜品目项目分类包括0701至0714、2001、2002、2003、2004、2005，共19个大的类别，具体编码及对应商品见表10-1，考察时期为2002—2018年。为了更细致地分析蔬菜出口竞争力水平，按照产品形态和种类细分类别，分类讨论竞争力水平及演化。参照凌华、王凯（2010）的划分标准[8]，项目编码0701至0709的品目属鲜冷蔬菜，0710至0714的品目可视为简单加工蔬菜，2001至2005的品目可视为深加工蔬菜。从种类看，选择番茄、洋葱、大蒜、马铃薯、菌类蔬菜、豆类蔬菜几种主要蔬菜，测算其竞争力水平。其中，马铃薯主要包括项目编码0701、071010、200410、200520，番茄主要包括项目编码0702、2002，洋葱主要包括项目编码070310、071110、071220，大蒜主要包括项目编码070320、200190，菌类蔬菜①主要包括项目编码070951、070952、070959、071151、071159、071231、071232、071233、071239、2003，豆类蔬菜主要包括项目编码0708、071021、071022、071029、200540、200551、200559。

表10-1　分析所用的蔬菜编码及对应名称

HS编码	编码所对应商品	HS编码	编码所对应商品
0701	鲜或冷藏的马铃薯	071151	暂时保藏的木耳属
0702	鲜或冷藏的番茄	071159	暂时保藏的蘑菇
0703	鲜或冷藏的洋葱、青葱、大蒜、韭葱及其他葱属蔬菜	0712	干制蔬菜
070310	鲜或冷藏的洋葱、青葱	071220	干制洋葱
070320	鲜或冷藏的大蒜、蒜薹等	071231	干制伞菌属蘑菇
070390	鲜或冷藏的大葱、韭葱等	071232	干制木耳

① 文中所指菌类蔬菜包括蘑菇、木耳、块菌等。

（续）

HS 编码	编码所对应商品	HS 编码	编码所对应商品
0704	鲜或冷藏的卷心菜、菜花、球茎甘蓝等芸薹属蔬菜	071233	干制银耳
0705	鲜或冷藏的莴苣、菊苣等	071239	干制香菇、金针菇等
0706	鲜或冷藏的萝卜、胡萝卜及类似食用根茎	0713	脱荚干豆
0707	鲜或冷藏的黄瓜及小黄瓜	0714	鲜或干木薯、竹芋及类似根茎
0708	鲜或冷藏的豆类蔬菜	2001	醋制蔬菜
0709	鲜或冷藏的其他蔬菜	200190	醋制的大蒜头、大蒜瓣及其他大蒜
070951	鲜或冷藏的木耳	2002	醋制番茄
070952	鲜或冷藏的块菌	2003	醋制菌类
070959	其他鲜或冷藏蘑菇或木耳	2004	其他冷冻蔬菜，非醋制作
0710	冷冻蔬菜	200410	非醋制冷冻马铃薯
071010	冷冻的马铃薯	2005	其他未冷冻蔬菜，非醋制作
071021	冷冻的豌豆	200520	非用醋制作的未冷冻马铃薯
071022	冷冻的红小豆、豇豆、菜豆	200540	非用醋制作的未冷冻豌豆
071029	冷冻的其他豆类蔬菜	200551	非用醋制作的脱荚豇豆、赤豆及罐头
0711	暂时保藏的蔬菜	200559	非用醋制作的其他豇豆、菜豆及罐头
071110	暂时保藏的洋葱		

注：表中编码和名称根据海关统计商品目录整理。

二、研究方法

研究选择国际市场占有率（MS 指数）、贸易竞争力指数（TC 指数）、显示性竞争比较优势指数（CA 指数）测算蔬菜国际竞争力水平，并通过纵向比较分析近年来的竞争力演化趋势。

1. 国际市场占有率　国际市场占有率是一国某种商品或服务出口额占该商品（服务）世界出口总额比例，是一国出口竞争力最为直接的表现，反映了一国在国际市场中的地位和出口的体量规模优势。蔬菜国际市场占有率可用公式表示为：

$$MS = \frac{X_{ij}}{X_{wj}} \tag{10-1}$$

X_{ij} 表示的是 i 国第 j 种蔬菜的出口额，X_{wj} 表示世界第 j 种蔬菜的出口总额。蔬菜的国际市场占有率反映了一国蔬菜出口的总体竞争力水平，占比越高，意味着蔬菜具有较强优势；反之则较低。

2. 贸易竞争力指数　现实中，仅靠占有率指标仍难以反映竞争力的真实状况和全貌，特别是当一国存在大量转口贸易时，仅使用国际市场占有率指标容易给结论带来偏差。相对于国际市场占有率而言，贸易竞争力指数可以弥补这一缺陷。贸易竞争力指数是一国某商品（服务）净出口额占该商品（服务）贸易总额的比例，可以用公式表示为：

$$TC = (X_i - M_i)/(X_i + M_i) \tag{10-2}$$

式中，X_i 表示蔬菜出口额，M_i 表示蔬菜进口额。TC 的取值区间为 [−1, 1]，贸易竞争力指数越大，表示该国该产品出口竞争优势越强，若 $TC > 0$，则说明该产品出口具有竞争优势，为净出口；$0 \leqslant TC < 0.3$，出口具有微弱竞争优势；$0.3 \leqslant TC < 0.6$，出口具有较强优势；$0.6 \leqslant TC < 1$，出口具有极强优势。若 $TC < 0$，说明出口处于竞争劣势，为净进口；$-1 \leqslant TC < -0.6$，出口劣势极强；$-0.6 \leqslant TC < -0.3$，出口劣势较强；$-0.3 \leqslant TC < 0$，出口处于微弱劣势。

3. 显示性（竞争）比较优势指数 Balassa 于 1965 年提出的"显示性比较优势(RCA)"测量方法[9]，在贸易竞争力分析中得到广泛应用。显示性比较优势可以较好地反映一个国家某种商品或服务出口与世界平均出口水平的相对优势。其公式可表示为：

$$RCA = (X_{ij}/X_i)/(X_{wj}/X_w) \tag{10-3}$$

式中，X_{ij} 表示 i 国第 j 种蔬菜的出口额，X_i 表示该国所有产品服务出口总额，X_{wj} 表示世界第 j 种蔬菜出口额，X_w 则表示世界所有商品服务出口总额。若 $RCA > 2.5$，该商品具有极强竞争力；若 $1.25 < RCA \leqslant 2.5$，该商品具有较强竞争力；若 $0.8 \leqslant RCA \leqslant 1.25$，该商品具有中度竞争力；若 $RCA < 0.8$，该商品竞争力弱[10]。

显示性比较优势指数存在着分布偏态的缺陷[11]，一定程度上降低了指标的可比性，并且该指数只考虑了出口结构的比较，未考虑进口因素，同样存在着因转口贸易导致结果失真的可能。在此基础上，沃尔拉斯（1988）设计了显示性竞争比较优势指数，从出口的比较优势中减去进口比较优势，得到产业的真正竞争优势。其计算公式为：

$$\begin{aligned} CA &= RCA - (M_{ij}/M_i)/(M_{wj}/M_w) \\ &= (X_{ij}/X_i)/(X_{wj}/X_w) - (M_{ij}/M_i)/(M_{wj}/M_w) \end{aligned} \tag{10-4}$$

若 $CA > 0$，说明该国出口具有优势，指数越高，国际竞争力越强；若 $CA < 0$，则说明该国出口不具比较优势，指数越低，国际竞争力越弱。

第三节　我国蔬菜出口竞争力的实证分析

利用前文所述方法，计算各项指数，并对比近年来指数变化，发现变化规律并分析原因。

一、对不同商品形态蔬菜出口的讨论

依据出口额计算鲜冷蔬菜、简单加工蔬菜、深加工蔬菜的国际市场占有率、贸易竞争力指数和显示性竞争比较优势指数，进而讨论其变化。

1. 国际市场占有率 根据联合国商品服务贸易数据，我国蔬菜出口体量巨大，2018 年蔬菜出口的国际市场占有率约为 16.7%，表现出较为显著的规模优势。纵向来看，我国蔬菜出口的国际市场占有率呈现波动上升的趋势，由 2002 年的 8.9%增至近 17%，蔬菜出口优势总体提升。

分类型看，冷冻、脱水等简单加工蔬菜出口的规模优势最强，在国际市场占比接近四分之一，具有明显的规模优势。深加工蔬菜在国际市场也占有较大份额，占比总体保持在 10%以上，鲜冷蔬菜出口的国际市场占有率相对较低。加入世界贸易组织以来，几类出口蔬菜的国际市场份额均呈波动增长的趋势，最为明显的是鲜冷蔬菜，2002 年我国鲜冷蔬菜国际市场份额尚不足 5%，至 2018 年已增至 13.3%；简单加工蔬菜、深加工蔬菜的国际市场份额也有所增长，分别增长 5.4 和 4.5 个百分点（图 10-1）。我国蔬菜出口国际市场占有率不断提高，与蔬菜生产扩大、加工与仓储保鲜发展、自贸区建设等因素密切相关。据统计，2002—2018 年我国蔬菜播种面积由 1 735 万公顷增至 2 044万公顷，产量由 5.3 亿吨增至 7 亿吨，分别增长 17%、32%，生产供给显著增长带动了出口增加。加入世界贸易组织后，我国果蔬加工与仓储物流快速发展，2002—2011 年果蔬加工业产值年均增长 20%以上[12]。据《中国冷链物流发展报告》统计，2018 年，国内冷库容量已达到 5 238 万吨，较 2010 年增加 4 100 万吨以上。加工与仓储物流发展也促进了蔬菜出口的增长。我国稳步推进自由贸易区建设，特别是中国—东盟自由贸易区正式启动后，我国对东盟蔬菜的出口快速增加，2002 年我国对东盟蔬菜出口额为 2.72 亿美元，2018 年已增至 45.62 亿美元，增长 15.8 倍，特别对鲜冷冻蔬菜、脱水蔬菜的出口带动作用明显。

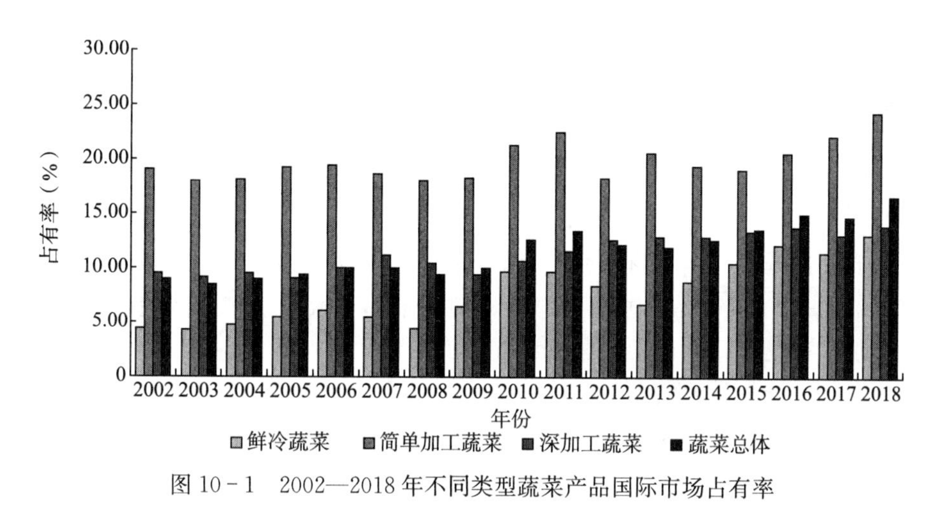

图 10-1　2002—2018 年不同类型蔬菜产品国际市场占有率

2. 贸易竞争力指数　2002 年以来，我国蔬菜总体贸易竞争力指数保持在 0.6～0.85，表明我国蔬菜出口明显大于进口，出口具有极强的竞争优势。近年来，特别是 2009—2015 年，我国蔬菜的贸易竞争力指数下降，一度降至 0.6 附近，之后虽有回升，但明显低于期初水平。

几类蔬菜中，鲜冷蔬菜及深加工蔬菜贸易竞争力指数接近 1，且保持稳定，两类蔬菜产品出口竞争力始终很强。尽管简单加工蔬菜也具备一定竞争力，但明显弱于鲜冷蔬菜和深加工蔬菜。近年来，简单加工蔬菜出口的贸易竞争力指数下降明显，2012—2015 年更是降至 0.3 以下（图 10-2）。直观来看，简单加工蔬菜贸易竞争力下降是导致蔬菜总体贸易竞争力降低的主要原因，而进口快速增长则是引起简单加工蔬菜贸易竞争力下降的直观原因。根据联合国商品服务贸易数据，2002 年我国简单加工蔬菜进口额约 1.91 亿美元，2018 年增至 19.50 亿美元，增长了近 9 倍，同时期简单加工蔬菜出口由 9.12 亿美元增至 40.29 亿美元，增长约 3 倍，出口增速明显低于进口，导致净出口占比下降。

图 10-2　2002—2018 年不同类型蔬菜贸易竞争力指数

3. 显示性比较优势指数　显示性竞争比较优势指数同时考虑了出口的相对比较优势与进口的相对比较优势，更具综合性和全面性。从计算结果看，蔬菜总体以及各类蔬菜出口的显示性竞争比较优势指数均大于 0，表明蔬菜出口具有较强竞争优势。期初，简单加工蔬菜、深加工蔬菜出口的显示性竞争比较优势指数均大于 1.5，简单加工蔬菜出口更是接近 3，出口具有极强竞争力。鲜冷蔬菜出口的显示性竞争优势指数也接近 1，具有较强竞争力。

尽管如此，近年来，我国简单加工蔬菜、深加工蔬菜出口的显示性竞争比较优势指数明显下降。2002—2018 年，我国蔬菜总体出口的显示性竞争比较优势指数由 1.57 降至 1.04，简单加工蔬菜出口的显示性竞争比较优势指数由 2.98 降至 1.12，深加工蔬菜出口的显示性竞争比较优势指数由 1.75 降至 1。这一结果表明，我国加工蔬菜出口对国际平均水平的相对比较优势正在逐渐削弱。而鲜冷蔬菜出口的显示性竞争比较优势指数由 0.89 增至 1.04，对国际平均水平的相对比较优势有所加强（图 10-3）。

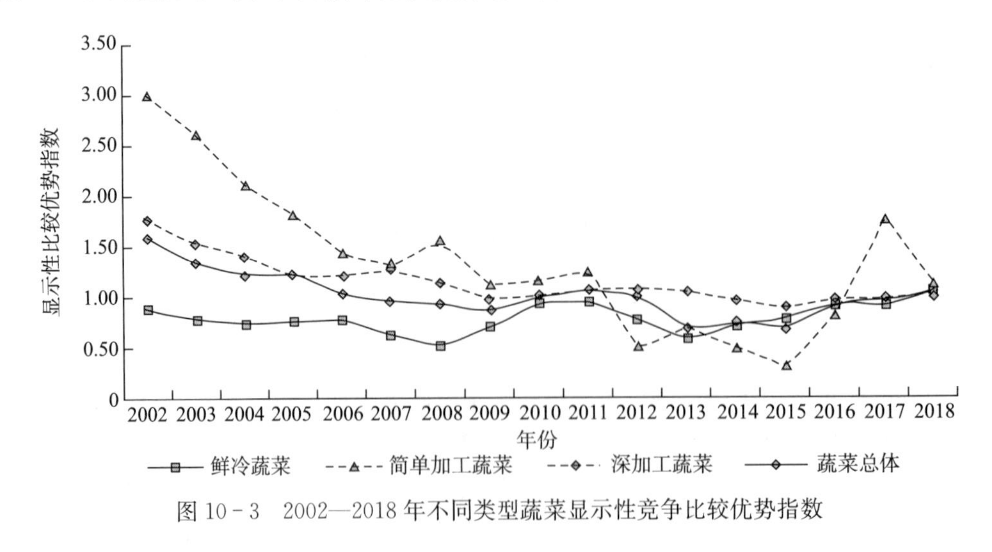

图 10-3　2002—2018 年不同类型蔬菜显示性竞争比较优势指数

二、对主要出口品种的讨论

按照上文的编码分类，整理计算马铃薯、番茄、洋葱、大蒜、菌类蔬菜、豆类蔬菜各项指数，并进行纵向比较。2018年，几种蔬菜出口总额为78.04亿美元，占蔬菜出口总额的53.6%。几种蔬菜中，又以菌类蔬菜、大蒜的出口额最高，分别达42.95亿美元和15.31亿美元，占蔬菜出口总额的29.5%和10.5%。

1. 国际市场占有率　采用前述方法，进一步计算几种主要出口蔬菜的国际市场占有率，可以发现我国大蒜、菌类蔬菜出口的国际市场占有率最高，大体保持在30%～60%，拥有国际市场相当份额，规模优势极强。洋葱出口的国际市场占有率为5%～15%，马铃薯、番茄、豆类蔬菜出口的国际市场占有率低于10%，规模优势相对较弱。纵向来看，除豆类蔬菜出口的国际市场占有率基本保持稳定外，其他出口蔬菜的国际市场占有率呈增长趋势，2018年，菌类蔬菜出口市场占有率较2002年增长30个百分点以上，大蒜出口市场占有率增长约10个百分点。大蒜、菌类蔬菜的增长幅度和趋势较显著，洋葱、番茄、豆类蔬菜增长较为有限（图10-4）。

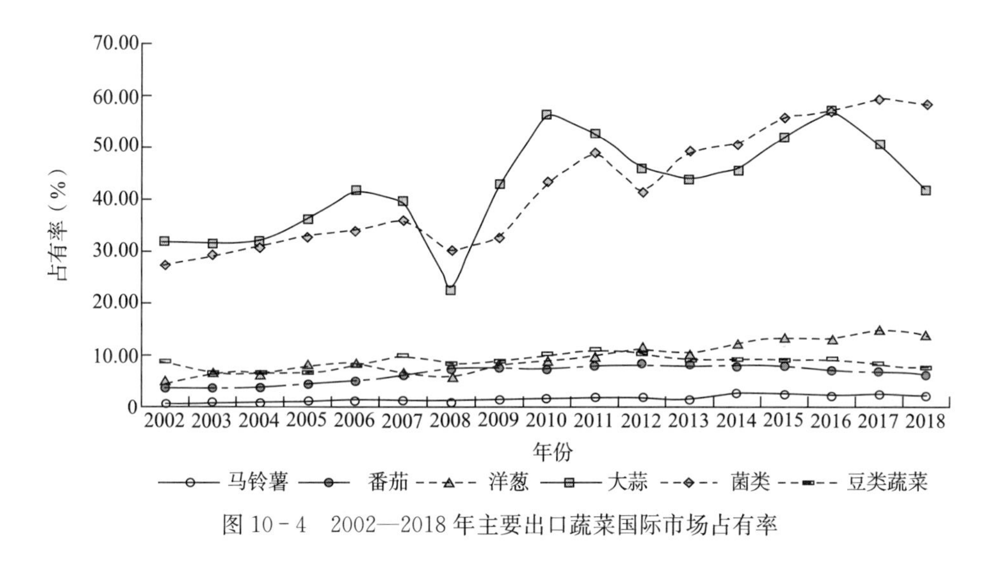

图10-4　2002—2018年主要出口蔬菜国际市场占有率

2. 贸易竞争力指数　从贸易竞争力指数看，除马铃薯外，几种蔬菜出口的贸易竞争力指数均接近于1，且保持稳定，出口远大于进口，具有明显竞争力。马铃薯出口的贸易竞争力指数较低，期初约为－0.35，表明当时马铃薯贸易为净进口。2004年之后，马铃薯出口的贸易竞争力指数开始持续大于0，贸易由净进口转变为净出口，2009年贸易竞争力指数一度超过0.5，之后开始下降，至2018年时接近0.2。尽管马铃薯出口贸易竞争力指数有所增加，但竞争力依然较弱（图10-5）。

3. 显示性竞争比较优势指数　显示性竞争比较优势指数计算结果表明，大蒜、菌类蔬菜出口具有极强竞争力，2002年两种蔬菜出口的显示性竞争比较优势指数分别为6.4和5.5，明显高于其他蔬菜。尽管之后指数取值明显波动下降，但仍高于3。洋葱出口的显示性竞争比较优势指数为0.8～1.1，具有较强的竞争优势；番茄、豆类蔬菜出口的显示性竞

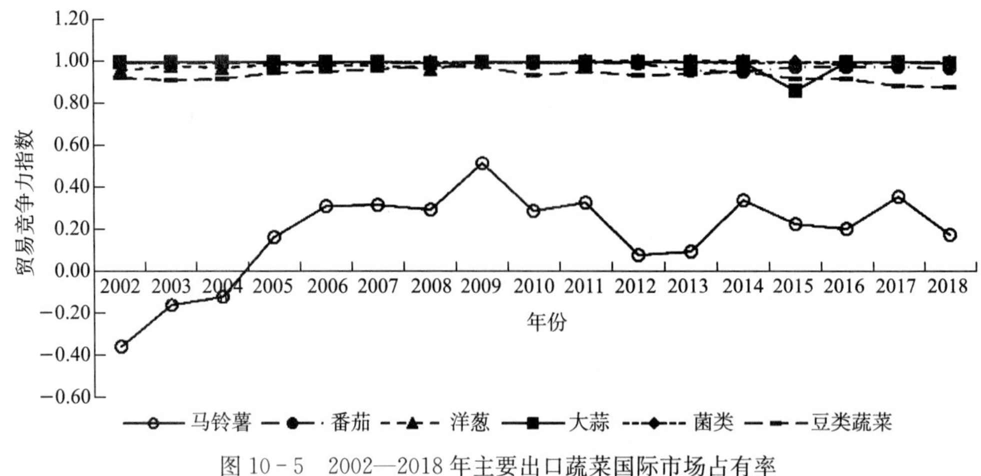

图 10－5　2002—2018 年主要出口蔬菜国际市场占有率

争比较优势指数在 0.5 左右，竞争优势相对较低。马铃薯出口的显示性竞争比较优势指数为几种蔬菜中最低，2002—2004 年指数取值小于 0，出口表现出一定劣势，尽管之后指数取值总体增长，但基本位于 0 附近，竞争优势并不显著（图 10－6）。

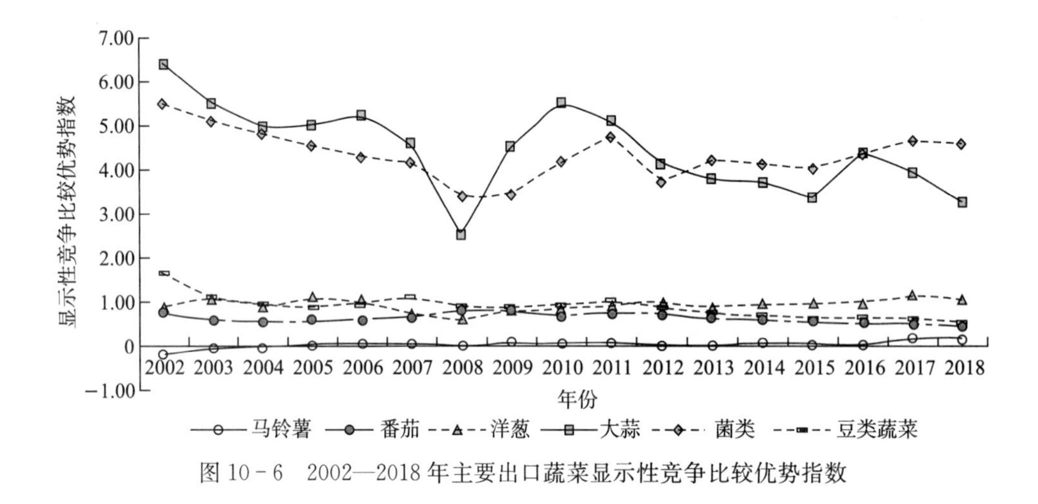

图 10－6　2002—2018 年主要出口蔬菜显示性竞争比较优势指数

三、小结

笔者利用近 20 年细分蔬菜进出口数据，通过相关指数测算，分析讨论了加入世界贸易组织后我国蔬菜出口的竞争力及变化。

总体来看，我国蔬菜出口的国际市场占有率较高，具有较为显著的规模优势。加入世界贸易组织以来，蔬菜出口的国际市场占有率显著提高，规模优势有所加强。从贸易竞争力指数看，蔬菜出口明显大于进口，具有极强的竞争优势。但加入世界贸易组织以来，蔬菜出口贸易竞争力有所下降。显示性竞争比较优势指数结果同样表明蔬菜出口具有较强竞争力，在加入世界贸易组织后总体竞争力有所下降。

分类型看，我国冷冻、脱水等简单加工蔬菜出口的国际市场占有率最高，深加工蔬菜、鲜冷蔬菜出口占比相对较低。加入世界贸易组织后，各类别蔬菜出口的国际市场占有率也均有所提升。从贸易竞争力指数看，鲜冷蔬菜、深加工蔬菜出口竞争力始终很强，简单加工蔬菜具有一定的竞争优势，但明显弱于鲜冷蔬菜和深加工蔬菜，由于简单加工蔬菜进口快速增长，贸易竞争力指数也明显下降。显示性竞争比较优势指数测算结果也表明，我国各类蔬菜出口均具有竞争优势，但加工蔬菜出口对国际平均水平的相对比较优势正在逐渐削弱，而鲜冷蔬菜出口的相对优势有所加强。

对几种主要出口蔬菜的分析表明，我国菌类蔬菜、大蒜出口在国际市场占有极高份额，近年来显著增长。两种蔬菜出口的竞争力极强，但相对比较优势在近年趋于削弱。洋葱、马铃薯、番茄、豆类蔬菜出口占比相对较低，尽管近年来马铃薯出口有所增长，但出口竞争力仍较弱。

参考文献

[1] 黄季焜，马恒运．价格差异——我国主要农产品价格国际比较［J］．国际贸易，2000（10）：20-24.

[2] 安玉发，陈丽芬，盛丽颖．中国对日蔬菜出口竞争力研究［J］．中国农村经济，2002（11）：25-29，36.

[3] 冷杨，王娟娟，张真和．中国入世十年蔬菜进出口贸易比较分析［J］．中国蔬菜，2012（17）：1-7.

[4] 赵海燕，何忠伟．中国大国农业国际竞争力的演变及对策：以蔬菜产业为例［J］．国际贸易问题，2013（7）：3-14.

[5] 侯蕾，张吉国．我国蔬菜国际竞争力及影响因素分析［J］．对外经贸，2016（7）：15-18.

[6] 张哲晰，穆月英．中国蔬菜出口国际竞争力及其影响因素：国别（地区）差异与贸易潜力分析［J］．世界农业，2015（10）：132-140.

[7] 曾杨梅，张俊飚，程琳琳，等．中国食用菌产品出口竞争力与贸易潜力分析［J］．华中农业大学学报（社会科学版），2016（6）：8-16，142.

[8] 凌华，王凯．中国蔬菜对韩出口竞争力及贸易空间的拓展——以美国为参照［J］．国际贸易问题，2010（1）：52-58.

[9] Balassa B. Trade liberalization and revealed comparative advantage［J］. The Manchester School of Economics and Social Studies，1965，32：99-123.

[10] 蔡岩，吕美晔，王凯．我国蔬菜产业及其主要出口蔬菜品目的国际竞争力分析［J］．国际贸易问题，2007（6）：62-67.

[11] 刘雪．我国蔬菜出口的显示性对称比较优势分析［J］．经济研究参考，2002（95）：32-34.

[12] 周玉波，郑美灵，张金会，等．我国果蔬加工业现状浅析及趋势展望［J］．园艺与种苗，2017（2）：16-18，38.

调 控 篇

第十一章

我国蔬菜市场调控的思考与建议

蔬菜是居民日常生活消费的重要副食品和地方经济发展的重要支柱，确保蔬菜市场供需平衡和价格平稳运行十分重要。近年来，我国蔬菜市场价格频繁剧烈波动，给产业乃至经济社会发展带来影响。如何有效调控蔬菜市场，确保蔬菜价格平稳运行，避免市场出现大幅波动是需要解决的重要课题。笔者结合我国蔬菜生产、流通和消费实际，剖析蔬菜市场调控的必要性和存在的问题，讨论是否需要调控、优先调控哪些品种、由谁来调控、怎么调控等问题，提出蔬菜市场调控的总体思路和具体设计，以期为完善蔬菜市场调控机制提供参考。

第一节　我国蔬菜市场调控的基本情况

农产品市场调控对于保持社会稳定和经济持续健康发展具有重要意义。在国内实践中，通常将农产品调控划分为三种类型：粮食类（小麦、稻谷等）、外贸依存度高的重要农产品（棉花、大豆等）和鲜活农产品[1]，三类农产品市场调控的目的、手段和力度存在明显差异。近年来，我国采取了一系列措施，不断健全农产品价格形成和市场调控机制，完善了小麦和稻谷最低收购价政策，取消了玉米临时收储政策，并构建了“市场化收购＋补贴”的新机制，实行了储备肉制度，根据猪粮比开展冻猪肉收储和投放。相对于粮食等大宗农产品，蔬菜市场调控仍然主要延续 20 世纪 80 年代末开始的“菜篮子”市长负责制，由城市政府负责本地市场调控。随着大市场、大流通格局的形成，蔬菜在跨区域、多层级流通中，价格频繁剧烈波动，调控在一定程度上超出了某一城市、地区的范围。2021 年第四季度，国内多种蔬菜价格明显上涨，农业农村部重点监测的 28 种蔬菜平均批发价格同比上涨超过 15％，并持续高位运行，引起社会广泛关注。如何进一步健全蔬菜市场调控机制，实现市场稳定运行，值得我们高度关注。

发达国家在蔬菜市场调控方面起步较早，取得了较为显著的成效，为我国提供了一定的借鉴。国内学者重点对与我国农业条件相似的日本等国家的蔬菜市场调控机制进行了深入考察，详细分析其生产技术、流通体系、调控机制，并围绕市场建设、信息监测和政策措施等提出建议[2][3][4]，特别是针对日本蔬菜价格稳定制度，包括价格稳定基金、计划性生产和销售、应急管理等方面进行了重点讨论。分析普遍认为，相关措施对于提高农民生产积极性、促进产业发展和保持市场平稳运行发挥了积极作用[5][6][7][8]。近年来，国内多种蔬菜价格频繁剧烈波动，引起社会各界广泛关注，“蒜你狠”“姜你军”“向前葱”频上热搜。分析各种蔬菜的市场价格波动，可以发现不同蔬菜的供需格局、波动诱因、影响范围存在较大差异。学者结合国外蔬菜市场调控经验和国内实践，提出建立品种目录、采取多种措施开展市场调控的思路[9][10][11]。在此基础上，2016 年，农业部印发《关于开展鲜活农产品调控目录制度试点工作的指导意见》；2018 年，选择石家庄市、海口市等 6 市县开展试点，相关试点为进一步完善蔬菜市场调控机制进行了有益尝试，积累了实践经验。尽管如此，我国蔬菜市场调控仍在不断探索完善中，还存在许多不足，突出表现在长效调控机制未完全形成、顶层设计尚不健全和区域协调联动不够等方面，同时，调控的范围、方式、力度等还有待进一步明确。

第二节　我国蔬菜市场调控的必要性

笔者选择从蔬菜的民生属性、市场表现和风险诱因等方面，讨论市场调控的必要性，回答蔬菜市场是否需要调控的问题。

一、蔬菜是关乎民生的重要农产品

蔬菜是城乡居民日常饮食中最主要的副食品，民间素有“宁可三日无荤，不能一日无菜”的说法。据统计，我国城镇居民蔬菜消费支出约占食品消费支出的四分之一，这一比例在中低收入家庭中或更高。蔬菜还是许多地方的支柱产业，据测算，蔬菜对农民人均纯收入贡献占农民人均收入的 10%以上。我国与蔬菜种植相关的劳动力约有 1 亿人，与蔬菜加工、储运、销售等相关的劳动力约 8 000 万人。可以说，蔬菜关系到亿万人的日常生活和家庭生计。

二、蔬菜是价格波动最频繁、剧烈的农产品

蔬菜市场是改革开放后最先放开的市场之一，也是目前调控干预较少的农产品市场。在农产品中，蔬菜价格波动也最为频繁、剧烈。2020 年 9 月，大葱批发价格快速上涨，两个月内上涨幅度超过 25%，同比上涨 50%以上。2021 年 10 月，黄瓜、菠菜等多种蔬菜价格快速上涨，甚至超过同时期的猪肉价格。与之相对，蔬菜滞销卖难的现象也频频发生并引发热议。蔬菜价格大涨损害市民利益，大跌损害农民收益，大幅波动意味着市场风险加剧。保持蔬菜价格平稳运行，符合生产者、消费者、政府乃至中间商各方利益。

三、市场机制不健全是蔬菜价格剧烈波动的重要原因

我国蔬菜种植分布广泛，供给具有随气温变化由南（北）到北（南）接替上市特点，在衔接转换中，价格经常剧烈波动。其主要诱因一是异常天气引起产量、上市时间的显著变化；二是前期价格波动导致种植品种、规模显著变化，农户依据前期价格决定当期种植，导致价格交替涨跌。加之蔬菜流通范围广、环节多，信息传递不充分、不对称，市场仓储保鲜能力不足，价格波动被层层放大，出现“两头叫、中间笑”的情况，严重损害菜农和消费者的利益。

作为重要民生商品，蔬菜价格频繁剧烈波动伴随着巨大的经济和福利损失。蔬菜生产周期长、不易调节，市场信息不完备、不对称，单纯依靠市场机制很难实现供给稳定、价格平稳，不可避免地需要政府调控市场。

第三节　我国蔬菜市场调控面临的主要问题

长期以来，国内蔬菜市场调控开展了诸多尝试，对稳定市场发挥了重要作用，但在调控实践中，也面临着诸多困难，存在许多不足。

一、蔬菜种植品种繁多，调控要求复杂多样

我国种植的蔬菜涉及几十个科目，约有300种，产量超7亿吨。各种蔬菜种植规模、生产方式、耐储程度、流通环节、消费用途等存在差异，市场调控的需求与可供选择的调控工具也各有不同，无法用单一方式统一调控，需要有针对性、分种类地进行调控，调控必然十分复杂。

二、分散小农户生产，调控成本和难度较大

我国农业具有典型东亚小农户特征，户均耕地约12亩。农村经营体制改革后，以家庭承包经营为基础、统分结合的双层经营体制确立，但在实践中，“分”被加强，“统”未实现。尽管近年来农民专业合作组织不断发展，但其覆盖范围、经营水平、管理能力存在不足。现实中，农户时常在种与不种、种哪种蔬菜等问题上不断变换，供给规模、品种、分布不稳定。要有效引导数以万计分散经营的小农户稳定生产，难度和成本相对较大。

三、大市场、大流通格局，波动风险来源众多

在蔬菜大市场、大流通格局下，各地根据物候期安排生产，形成了相对稳定的上市规律，表现出“接力上市”的特点。这种自然的“有序”状态，时常因天气等因素被扰乱，引起价格涨跌。各地价格相互关联，一地价格波动将引起多地共振。蔬菜从田头到批发再到零售环环相扣，某一环节异常波动都可能传导至其他环节。在城镇化进程中，蔬菜种植由城郊转向农村，人口由农村转入城市，产销格局不断调整。产地动态变化，天气、成本等因素均可能引起市场变动，波动源头多，也增加了调控难度。

四、产销之间相互分隔，调控易受到阻滞

现实流通中，松散小农户信息搜集分析能力、流通经营能力较弱，难以单独完成蔬菜由田头至餐桌的流通，大多在田头交易之后就被排除在流通之外，从而造成产销之间相互分隔的局面。由于产销分隔，对生产或消费端的调控可能因经纪人、批发商转嫁成本或消极响应等出现扭曲或抵消，影响市场调控目标的实现。

五、市场体系尚不健全，信息监测存在不足

尽管近年来我国加强了农产品市场体系建设，但在市场布局、设施建设、服务功能等

方面还存在不足，各类市场仍以简单交易为主，信息服务、仓储服务、物流服务功能明显欠缺。在市场监测预警方面，监测的全面性、准确性、时效性仍需提高，特别是对蔬菜种植品种、面积、分布、上市时节等信息实时监测缺乏。市场建设与监测预警体系不健全，开展及时精准调控的支撑能力仍然不足。

第四节　对我国蔬菜市场调控的总体思路

确保蔬菜有效供给，满足人们的消费需求，并保持价格平稳运行是蔬菜市场调控的根本目标，关键是要确保蔬菜供需在数量、品类、季节、区域上实现均衡、保持稳定。综合蔬菜品种繁多、生产分散、广域流通、产销分隔、风险广泛的特点，结合目前蔬菜市场建设和信息监测不健全的实际，应当遵循分类调控、全面施策、有序推进的原则，在加强市场建设、信息监测预警的同时，有针对性地对重要品种进行调控，根据产业大小、产区分布等明确各级政府的调控责任，结合产品特性，从生产、仓储、流通等多方面制定针对性的措施，不断探索、有序推进，逐步健全蔬菜市场调控机制。

一、分类调控

蔬菜品种繁多，需要进行差异化调控，明确“调什么”“谁来调”“如何调”等问题。要依据消费重要性和调控必要性，明确“调什么”，筛选关系民生消费、经常大涨大跌的品种进行重点调控，民生属性较弱、运行较为平稳的品种更多由市场决定。依据生产区域布局明确“谁来调”，确定调控的责任主体。依据生产可调性和耐储性明确“如何调”，选择合适的调控工具进行调控。

二、全面施策

蔬菜市场剧烈波动既与其生产、贮存特性有关，又受到市场建设滞后、流通环节过多、市场信息不充分不对称等多种因素的影响，需要综合运用技术、市场、政策等多种手段，在生产、流通、仓储和消费等多个环节综合施策，积极构建全方位、全链条的长效调控机制。

三、有序探索

蔬菜市场的调控十分复杂，形成健全的调控机制需要不断尝试探索。应当由简至繁、逐步完善，选择产销关系相对简单、流通过程相对清晰、调控工具较为明确的品种开展试点，通过试点发现问题、积累经验，再逐步扩展到调控环境复杂、调控手段模糊的品种，最终形成相对稳定的调控机制。

第五节　对我国蔬菜市场调控的具体讨论

在明确市场调控总体思路的基础上，笔者收集整理了大白菜、黄瓜等 18 种常见蔬菜的产销数据，系统梳理相关调控措施，对如何进行市场调控进行讨论。

一、关于分类调控

1. 调控品种选择　是否需要对某一种蔬菜进行市场调控，取决于该种蔬菜在消费中的重要性和调控的必要性。消费的重要性主要包括两个方面：一是消费用途，二是其在消费中的占比。调控的必要性则主要取决于价格波动强度，波动越剧烈，越有必要调控。

本文所讨论的18种蔬菜产量合计超5亿吨，约占蔬菜总产量的75%，基本涵盖所有潜在调控品种。从用途看，大蒜、大葱、生姜、辣椒为调味品，其他蔬菜为主菜。由于缺乏居民蔬菜消费品种及数量的详细数据，笔者通过产量数据间接反映各种蔬菜在消费中的重要性。

我国蔬菜绝大部分用于国内消费，产量与消费在结构上较为一致，可以较好地反映消费情况。大白菜、马铃薯、黄瓜、番茄、萝卜等蔬菜产量均超4 000万吨，占蔬菜产量比例超过5%；茄子、甘蓝、芹菜、辣椒、菠菜、洋葱、大葱等产量为2 000万～4 000万吨，占蔬菜产量比例为2%～5%；胡萝卜、豇豆、大蒜、生姜等产量低于2 000万吨，占比在2%以下。综合产量和消费用途，将18种蔬菜分为最重要、重要、不太重要3类。其中，产量超4 000万吨、作为主菜的品种最重要；产量为2 000万～4 000万吨、作为主菜的品种为重要；产量低于2 000万吨，或为调味品的品种不太重要。

笔者还收集了2015—2019年18种蔬菜的月度批发价格，计算各种蔬菜价格同比平均涨（跌）幅，以考察价格波动风险，风险越高，调控必要性越强。根据价格波动情况，将调控必要性划分为最必要、必要、不太必要3类。其中，大蒜、大葱、甘蓝价格同比涨跌幅度超过30%，调控最有必要；马铃薯价格同比涨跌幅低于15%，调控不太必要；其他品种价格同比涨跌幅为15%～30%，有必要调控（表11-1）。

表11-1　18种蔬菜产量、用途与价格风险情况

品种	产量（万吨）	用途	价格波动幅度（%）	重要性	必要性
大白菜	10 645.80	主菜	24.2	最重要	必要
马铃薯	9 200.00	主菜	14.2	最重要	不太必要
黄瓜	5 803.82	主菜	18.7	最重要	必要
番茄	5 594.00	主菜	27.2	最重要	必要
萝卜	4 079.90	主菜	19.7	最重要	必要
茄子	3 065.40	主菜	15.0	重要	必要
甘蓝	3 076.70	主菜	36.0	重要	最必要
芹菜	3 183.70	主菜	26.3	重要	必要
辣椒	3 133.00	调味品	19.6	不太重要	必要
菠菜	2 263.20	主菜	18.7	重要	必要
洋葱	2 507.10	主菜	26.0	重要	必要
胡萝卜	1 751.48	主菜	23.8	不太重要	必要
冬瓜	—	主菜	27.0	—	必要

（续）

品种	产量（万吨）	用途	价格波动幅度（%）	重要性	必要性
南瓜	—	主菜	17.3	—	必要
豇豆	1 474.12	主菜	15.2	不太重要	必要
大蒜	1 917.27	调味品	57.0	不太重要	最必要
大葱	2 172.44	调味品	45.2	不太重要	最必要
生姜	838.00	调味品	23.7	不太重要	必要

注：根据中国农业信息网数据整理。

图 11－1 展示了 16 种蔬菜消费的重要性和调控的必要性，坐标轴箭头所指方向的重要性和必要性逐渐增强。位于图中右上方的品种，重要性和必要性均较强；反之则相反。可将 16 种蔬菜划分为 6 大类，其中，大白菜、萝卜、黄瓜、番茄为第Ⅰ类，在消费中十分重要，价格波动幅度较大；马铃薯为第Ⅱ类，尽管十分重要，但价格波动有限；甘蓝为第Ⅲ类，价格波动十分剧烈，在消费中较为重要；芹菜、菠菜、洋葱、茄子为第Ⅳ类，在消费中具有重要地位，价格波动也较为明显；大蒜、大葱为第Ⅴ类，价格波动比较明显，但不太重要；生姜、豇豆、辣椒、胡萝卜为第Ⅵ类，价格波动较大，在消费中不太重要。笔者按照重要性优先、兼顾必要性的原则，将蔬菜调控优先序排列为第Ⅰ类>第Ⅱ类>第Ⅲ类>第Ⅳ类>第Ⅴ类>第Ⅵ类。综合来看，大白菜、黄瓜、番茄、萝卜、马铃薯、甘蓝是蔬菜市场调控的重中之重，需要予以重点关注。

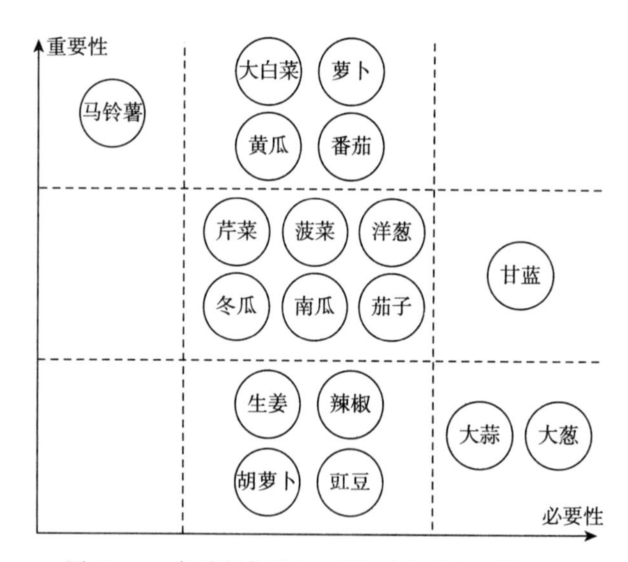

图 11－1　各种蔬菜消费重要性和调控必要性情况

2. 调控主体分析　仍以 18 种蔬菜为对象，计算各种蔬菜产量排名前 3 位省份占总产量的比例①，考察生产集中度（表 11－2），依据生产布局讨论调控在哪个层面开展。相关

① 洋葱、冬瓜、南瓜各省产量数据缺少，未在表中展示。

蔬菜中，产地最集中的是大蒜、大葱、生姜、辣椒，排名前3位的省份产量占比在50%以上，甚至接近60%[①]。这些蔬菜主要集中在个别省份，乃至集中在省内部分县区。如大蒜主要集中在山东金乡、兰陵，河南杞县等县区；大葱在山东章丘、安丘、平度等县区大量种植；生姜在山东昌邑、安丘占有相当比例，属于集中种植、外运消费的类型。产地集中，只要稳定主产地生产，就可以在很大程度上保持市场平稳。相关蔬菜在当地农业乃至经济发展中占有重要地位，地方政府在市场调控中掌握更多信息。调控应聚焦主产省，抓住集中产地，更多发挥地方在信息收集、服务支撑等方面的优势和作用，制定针对性措施，具体开展调控；各主产省建立联系机制，设定各自生产目标，对地方调控给予支持帮助；中央政府则负责协调产区，给予必要指导。大白菜、马铃薯、番茄、黄瓜、芹菜、菠菜、豇豆、萝卜、胡萝卜、甘蓝、茄子等蔬菜产量排名前3位的省份占比为30%～40%。这些蔬菜种植较为普遍，属于广泛生产、全国消费的类型。调控需要更多发挥中央政府、省级政府在宏观调控中的作用，强化顶层设计，加强主产省、主产省与主销地之间的协同联动，探索构建跨区域的长效对接与协调机制。

表11-2　各品种蔬菜主产省份及产量占比

品种	主产省份	产量占比（%）
大白菜	河北、山东、河南	38.0
马铃薯	四川、贵州、甘肃	40.1
黄瓜	河北、河南、山东	44.7
番茄	新疆、河北、山东	39.4
萝卜	河南、山东、湖北	32.7
茄子	山东、河南、河北	35.7
甘蓝	河北、湖北、河南	30.7
芹菜	河南、山东、河北	37.0
辣椒	湖南、四川、安徽	51.1
菠菜	河北、山东、河南	38.9
胡萝卜	山东、河南、河北	33.4
豇豆	河南、湖北、四川	42.5
大蒜	山东、河南、江苏	57.6
大葱	山东、河南、河北	50.7
生姜	山东	45

注：根据中国农业信息网数据整理。

二、关于全面调控

蔬菜市场异常波动既可能来自生产环节，也可能出现在流通过程中，对于不同品种蔬

① 根据《我国生姜产业现状及发展分析》，山东省生姜产量占全国生姜总产量的约45%，推算排名前3位省份产量占比应超过60%。

菜而言，引起市场异常波动的原因和可供选择的调控工具也有所差异，单纯在某一环节采用某种措施调控很难完全达到目标。笔者系统梳理了近年来国内蔬菜市场调控的主要措施，在分析18种蔬菜生产与贮存特性的基础上，从生产、仓储、流通等多方面提出有针对性的市场调控措施。

根据生长期和贮存期①（表11-3），将各种蔬菜划分为3种类型。一是菠菜等生长期、贮存期均较短的品种，主要是叶类菜，生长期约30天，贮存期仅几天。生长期短，可在短时间内调整供给；贮存期短，要求流通更为高效。调控宜采取布局生产基地、发展短链流通等措施，优化区域布局，提高流通效率，通过对供给的快速调节减少市场波动。具体来讲，在人口众多的大中城市郊区及周边建设一批叶类菜生产基地，强化生产供给，提升大中城市保障能力。鼓励菜农组建合作社，积极与连锁商超、电商平台对接，推动农超对接、农社对接、电商销售，缩短销售半径，实现短链流通、快产快销，形成以就近生产、就近供应为主的格局。二是南瓜、冬瓜、胡萝卜、大白菜、马铃薯、萝卜、大蒜、生姜、洋葱等生长期、贮存期均很长的蔬菜。这些蔬菜在批发、零售，乃至生产环节大多有一定库存，调控需在生产、仓储、流通等多环节施策。在生产环节，通过信息发布引导生产，推广政策性农业保险保障菜农收益，稳定生产规模；同时，一方面积极发挥批发市场、商超、电商等商业储备"蓄水池"的调节作用，另一方面加强公益性仓储保鲜设施建设，结合实际，适时适当建立政府储备，发挥政府储备"风向标"的作用。通过适时投放储备，调控市场供给，确保市场平稳运行。三是甘蓝、辣椒、芹菜、黄瓜、番茄、茄子、豇豆等蔬菜，生长期较长，贮存期短，通过产地接替上市实现周年供应，产地上市有序衔接对于市场稳定十分重要。其市场调控要着力稳定生产，确保有序上市。一要强化设施建设，加强病虫害防治，提高抵御灾害、病虫害的能力，降低自然风险。二要加强冷链建设，特别是产地仓储保鲜冷链物流建设，适当延长产品货架期，为产地衔接留出更长时间，进一步平滑市场供给波动。三要推广政策性农业保险，保障农户种植的合理收益，避免价格波动引起供给持续明显变化。

表11-3　各品种蔬菜生长期与贮存期

品种	生长期	贮存期	品种	生长期	贮存期
菠菜	30天	2～3天	南瓜	120～150天	6个月
甘蓝	45～65天	3～5天	冬瓜	120～150天	6个月
辣椒	60～90天	3～7天	胡萝卜	90～140天	6个月
芹菜	90天	2～4天	大白菜	50～70天	5个月
黄瓜	90～120天	5～7天	马铃薯	80～100天	8个月
番茄	110～170天	5～7天	萝卜	65～100天	4个月
茄子	110天	5～7天	大蒜	100～240天	12个月
豇豆	90～120天	3～10天	生姜	200天	24个月
大葱	120～150天	7天	洋葱	300天	10个月

注：各种蔬菜贮存期根据对批发市场管理人员采访材料整理。

① 本文所指贮存期是指现有流通条件下，该种蔬菜在市场上流通存储的时间。

三、关于有序调控

蔬菜市场运行的复杂性和市场建设、信息监测的实际情况决定了调控需要逐步探索、有序开展。先从产地集中的葱、蒜等蔬菜开始试点，健全后再推广至其他品种蔬菜。对于产地集中的葱、蒜等蔬菜而言，开展调控具有以下有利条件：一是调控难度较小，只要对主产地市场进行有效调节，就可以保持全国供需稳定；二是调控成本较低，产地集中，信息采集和市场监测的范围有限，可以显著降低调控成本；三是积累经验，通过试点可及时发现调控中的潜在问题，为其他蔬菜市场调控提供借鉴。

从稳定大中城市蔬菜市场入手，统筹城乡蔬菜市场调控。农村是蔬菜供给的起点，城市是流通的终点，两者相互关联、相互影响。近年来，部分大中城市郊区菜地快速减少，自给能力不断下降。城市蔬菜生产变动也影响了农村蔬菜生产的布局。要实现蔬菜生产规模、品种、分布相对稳定，应首先稳定大中城市蔬菜生产，避免城市蔬菜产量显著下降。在稳定大中城市蔬菜生产的基础上，明晰其蔬菜供需格局和流通方向，加强蔬菜产销对接，形成安全的流通渠道，逐步稳定农村蔬菜生产。

四、相关政策建议

从目前我国蔬菜市场调控实际看，还需要加强市场信息采集监测、部门间的协调和区域间的协调。

1. 加强市场监测预警　蔬菜市场调控离不开系统、全面、准确、及时的市场监测预警体系。目前，国内蔬菜市场监测已覆盖生产、批发和零售各环节，涵盖面积产量、市场价格及交易量等指标，但对蔬菜流通的来源去向、实时变化仍然监测不足，通过信息服务引导市场的能力不强，对市场预判前瞻并及时开展调控的能力不够。需要进一步增加市场监测的广度，适时开展种植意愿等调查，强化市场形势会商与预警，提高监测的及时性、全面性、准确性。

2. 加强部门间的协调　蔬菜市场调控涉及生产、仓储、流通、消费等多个环节，与多个部门相关。开展市场调控需要发挥好各部门的作用，形成调控合力。要构建市场调控的组织协调机制，明确各部门的责任分工，落实各项任务。要加强各部门的信息共享，定期、适时组织会商，及时进行信息发布，引导市场供需。要加强各部门政策协调，强化政策的协调性和一致性。

3. 加强区域间合作　蔬菜产区分布广泛，市场间的关联不断增强，要有效调控市场需要加强区域间的协调沟通。要构建区域间蔬菜产销协调机制，探索建立主产区与主销区之间的长效对接机制，形成相对稳定的对接渠道。要加强市与市、省与省之间蔬菜市场调控的协调机制，及时共享市场供需信息，加强调控政策的协调沟通。

参考文献

[1] 张兴旺．农产品市场调控亟待深化认识和创新方法［N］．农民日报，2014-12-25（3）．
[2] 封槐松．日本蔬菜考察报告［J］．长江蔬菜，1995（4）：36-37.

[3] 陈孟平．日本的蔬菜生产、运销、消费和宏观调控 [J]．世界农业，1993 (12)：11-12.
[4] 刘慧，赵一夫．农产品价格调控的国际借鉴及启示 [J]．经济纵横，2014 (7)：105-108.
[5] 邵兵家，陈永福．日本蔬菜价格稳定措施及其借鉴 [J]．农村经济，1997 (2)：36-37.
[6] 穆月英．关于蔬菜生产补贴政策的探讨——基于稳定蔬菜价格视角 [J]．中国蔬菜，2012 (19)：1-7.
[7] 陈永福，马国英．日本稳定蔬菜价格的制度机制评价及启示 [J]．日本学刊，2012 (1)：65-77+158.
[8] 杨光兵，刘亚．部分国家蔬菜价格宏观调控政策研究 [J]．世界农业，2013 (10)：65-68.
[9] 张义博，蓝海涛，涂圣伟．我国重要农产品价格调控政策评价及对策建议 [J]．农业经济与管理，2013 (5)：45-52.
[10] 彭超．完善蔬菜价格形成机制研究 [J]．经济研究参考，2014 (62)：45-50.
[11] 孔繁涛，沈辰，李辉尚，等．中国鲜活农产品调控目录制度建设的思考 [J]．中国食物与营养，2016，22 (6)：43-46.

图书在版编目（CIP）数据

我国蔬菜生产、流通与贸易格局及演化分析 / 沈辰，吴建寨，刘继芳著．—北京：中国农业出版社，2023.3

ISBN 978-7-109-30471-0

Ⅰ．①我…　Ⅱ．①沈…　②吴…　③刘…　Ⅲ．①蔬菜园艺　②蔬菜－商品流通－研究－中国　Ⅳ．①S63　②F724.723

中国国家版本馆 CIP 数据核字（2023）第 036953 号

我国蔬菜生产、流通与贸易格局及演化分析
WOGUO SHUCAI SHENGCHAN、LIUTONG YU MAOYI GEJU JI YANHUA FENXI

中国农业出版社出版
地址：北京市朝阳区麦子店街 18 号楼
邮编：100125
责任编辑：刘昊阳
版式设计：杨　婧　　责任校对：吴丽婷
印刷：中农印务有限公司
版次：2023 年 3 月第 1 版
印次：2023 年 3 月北京第 1 次印刷
发行：新华书店北京发行所
开本：787mm×1092mm　1/16
印张：7.25
字数：172 千字
定价：42.00 元
